Klimatechnik

Entwurf, Berechnung und Ausführung von Klima-Anlagen

Von

Dr.-techn. Karl R. Rybka

Beratender Ingenieur, Toronto, Kanada

Mit einem Anhang von Dr.-Ing. Albert Klein, Stuttgart

Mit 118 Abbildungen

Zweite Auflage

München und Berlin 1938

Verlag von R. Oldenbourg

Vorwort.

Das vorliegende Buch beschäftigt sich mit einem Sondergebiete, das seit mehreren Jahren allmählich in Europa einzudringen scheint und lebhaftes Interesse erweckt. Der Stoff ist vorwiegend auf amerikanischer Praxis und Literatur aufgebaut. Die guten Erfahrungen, welche man in Mitteleuropa mit auf amerikanischen Grundlagen entworfenen Luftveredlungsanlagen gemacht hat, lassen die Hoffnung zu, daß die hier zusammengetragenen Forschungs- und Erfahrungsergebnisse, falls umsichtig angewandt, einwandfreie Ergebnisse zeitigen werden.

Ich war bestrebt, in vorliegendem Buche ein Werkzeug zu schaffen, das dem Fachmann bei dem Entwurfe von Anlagen gute Dienste leisten könnte. Aus meiner eigenen Erfahrung und dem Verkehr mit Fachgenossen ist mir zur Genüge bekannt, daß oft beim Hereinwagen in ein Neugebiet viel kostbare Zeit verschwendet wird, um auf bereits errungener Erfahrung mit Hilfe von gelegentlich vor Augen gekommenen Angaben brauchbare Anlagen oder Bauelemente zu entwerfen. Ich stellte mir deshalb die Aufgabe, das Gesamtgebiet möglichst vollständig zu behandeln, wobei ich bloß die aus der Heizungs- und Lüftungstechnik bekannten Gebiete aus dem Rahmen des Werkes ausschaltete bzw. hierin bloß streifte. Ich hoffe, daß diese Stoffbehandlung mir nicht zum Vorwurf gemacht wird. Aber das Buch soll die Lehrbücher der Heiz- und Lüftungstechnik ergänzen und nicht ersetzen.

Im allgemeinen wird der Aufbau einzelner Abschnitte des Buches notgedrungen dem verschiedener amerikanischer Werke ähnlich sein, da sie die grundlegende physiologische und wärmetechnische Lehrtechnik mehr oder weniger ausführlich enthalten mußten. Wer aber mit der amerikanischen Praxis und Lehrtechnik vertraut ist, wird auch in diesen Abschnitten eine Fülle von Angaben auffinden, die in Amerika unbekannt, oder nicht verwendet werden; dies, weil ich — mit Rücksicht auf die wirtschaftlichen Verhältnisse in Europa — das Bestreben hatte, verschiedene Näherungswerte und Faustformeln durch genauere Angaben oder Berechnungsansätze zu ersetzen.

Verschiedentlich habe ich auf amerikanische Wirtschafts- und Sozialverhältnisse — anscheinend über die Grenzen dieses Werkes hinaus — verwiesen und hoffe, daß dies dem Buche nicht zum Vorwurfe gemacht wird. Mein Bestreben war aber danach gerichtet, die verschiedenen Einflüsse und Grundlagen dem europäischen Fachmanne und u. U. dem interessierten Laien nahezubringen.

1*

In dieser Hinsicht ist mir auch Herr Dr. A. Klein helfend zur Seite gestanden, und spreche ich ihm meinen verbindlichsten Dank aus für sein Interesse und die Ausführungen, in welchen er auf Grund seiner umfangreichen Fachtätigkeit in Mitteleuropa die Gesichtspunkte darstellt, welche dem Leser bei Anwendung der besprochenen Grundlagen auf veränderte Verhältnisse vor Augen stehen sollten.

Toronto, Kanada, im Oktober 1936.

Karl R. Rybka.

Vorwort zur zweiten Auflage.

Ich begrüße die Gelegenheit, der Fachwelt für die freundliche Aufnahme der »Klimatechnik« zu danken. Die zweite Auflage ist im Aufbau unverändert, wenn der Inhalt auch stellenweise ergänzt worden ist, um mit dem Fortschritt des Sondergebietes Schritt zu halten. Ich habe auch einzelne Erörterungen oder Anmerkungen eingefügt, die an sich nicht neu, deren Wert aber, durch inzwischen gesammelte Erfahrungen, Anfragen, oder anderweitig erschienene Anschauungen, dargetan worden ist.

Toronto, Kanada, im Jänner 1938.

Karl R. Rybka.

Inhaltsverzeichnis.

I. Lehrtechnische Grundlagen.

1. Einführung.

Die Heizungs- und Lüftungspraxis zeigte zu verschiedenen Zeiten in den einzelnen geographisch, politisch oder wirtschaftlich getrennten Ländern eine verschiedenartige Entwicklung, die nicht immer auf rein technische oder wirtschaftliche Überlegungen zurückgeführt werden kann, sondern durch die besonderen klimatischen, sozialen, künstlerischen u. a. Verhältnisse bedingt oder wenigstens beeinflußt wird. Während beispielsweise in Deutschland und dem übrigen kontinentalen Europa das Bestreben nach einfachen Konvektionsheizanlagen, die möglichst billig Nutzwärme liefern, gerichtet ist, verbreitete sich in England in den letzten drei Jahrzehnten die in der Anschaffung teuere, die künstlerische Überlieferung des Landes jedoch besser befriedigende, unter englischen klimatischen Verhältnissen vielleicht auch wirtschaftlichere und hygienisch vorteilhaftere Strahlheizung. Im Gegensatz hiezu wendet man sich in Amerika in letzter Zeit mit besonderer Vorliebe der Luftveredlung bzw. Klimatechnik[1]) zu. Diese in vieler Hinsicht berechtigte Strömung ist durch eine großzügige und ernsthafte Forschung auf dem Gebiete der Gesundheitstechnik eingeleitet worden, wenn auch nicht abgesprochen werden kann, daß sie heute vielfach lediglich eine Modesache ist und von einzelnen Seiten zu einem großzügigen Gesundheitsschwindel ausgenützt wird, welcher den Urhebern reichliche Früchte bringt, als die von ihnen angebotenen Vorrichtungen zwar teuer sind, ohne die Werbeversprechungen zu erfüllen[2]).

[1]) Verfasser verwendet mit Vorliebe den Ausdruck Luftveredlung, da es sich in dem engeren Fache mehr um »Veredlung« von Verhältnissen als Klimaschaffung handelt.

[2]) Der Gesundheitsschwindel macht sich in Amerika auf allen Lebenswegen bemerkbar, — »health racket«, »health bug« u. a. m. sind die hiefür geprägten Bezeichnungen. Man frühstückt halb rohen, in papierdünne Plättchen oder in Flocken gewalzten Hafer, Weizen, Mais u. a. m., kaut täglich stundenlang Gummi und ähnliche Erzeugnisse usf., da all dies die Verdauung begünstigen soll, trinkt Ersatz-Kaffee, -Kakao usf., neben großen Mengen verschieden gewürzter und chemisch behandelter Getränke, ißt Hefe usf., weil die Werbeschriften der Erzeuger nachweisen, daß es gesundheitsfördernd sei, und fördert ganz allgemein ein großzügiges, in gewisser Hinsicht gesetzlich geschütztes Quacksalbertum durch Verwendung meist harmloser Patentarzneien und Mittel (Patent-Medicine), soferne sie nur durch großzügige Werbung unterstützt sind (siehe: Kallet A. und Schlink F. J. »100,000,000 Guiney Pigs«, Selbstverlag 1933. Mills C. A.: «Living with the Weather», Selbstverlag, Cincinnati; 1934).

Die amerikanische Luftveredlung oder Bewetterung — in Amerika »Air Conditioning« genannt — ist in ihrem heutigen Umfang eine Schöpfung der letzten Jahre. Wenn auch der Ausdruck »Air Conditioning« seit mehr als einem Jahrzehnt im Fachschrifttum gelegentlich in Verbindung mit gewerblicher Lüftung auftrat und vorwiegend Luftbefeuchtung und seltener Luftkühlung umfaßte (die Amerikanische Gesellschaft von Heizungs- und Lüftungs-Ingenieuren — »American Society of Heating and Ventilating Engineers«, abgekürzt „A.S.H.V.E.« — hat in ihrem Handbuch noch im Jahre 1930 die Luftveredlung in diesem beschränkten Sinne behandelt)[1]), hat sich seither dieser Begriff auf Lüftungs-, besonders aber auch auf Luftheizungsanlagen aller Art und verschiedenster Größe ausgedehnt, und diese Verallgemeinerung hatte einen außerordentlichen Aufschwung auf dem Sondergebiete im Gefolge.

Allerdings ist, wie schon erwähnt, nicht alles, was heute im Handel als Luftveredler angeboten wird, mit den neueren Anschauungen und auch den Grundlagen der Wetterfertigung in Einklang zu bringen. Viele Wetterfertiger sind lediglich umgetaufte Luftheizöfen, denen man einen kraftgetriebenen Bläser angeschlossen hat, andere sind einfache Frischluft- oder Abluftförderanlagen, wo sich die »Veredlung« auf eine positive Luftströmung durch die in Frage stehenden Räume beschränkt. Der in Amerika als maßgebendes Kriterium heute willkürlich festgelegten Bedingung, daß als Luftveredlungsanlagen nur solche aufzufassen seien, in denen gleichzeitig die Raumlufttemperatur, -feuchtigkeit und -strömung zwecks Sicherung höherer Behaglichkeit in vorbestimmter Weise geregelt wird, kommen nur wenige der ausgeführten Anlagen nach.

Die großzügigen Untersuchungen und ihre Ergebnisse über die physiologischen Auswirkungen der Heizung und Lüftung, welche den Anstoß gaben zur Umgestaltung der Lüftungstechnik in die neuzeitliche Luftveredlungstechnik und die ihre Bedeutung immer mehr befestigen, sind im europäischen Fachschrifttum vielfach erwähnt, besprochen und kritisch untersucht worden [2])[3])[4])[5]). Sie unterscheiden sich verschiedentlich von den Anschauungen und Forschungsergebnissen deutscher Fachleute und diese Unterschiede sind zurückgeführt worden auf die außerordentliche Verbreitung der Konvektionszentralheizung in Amerika, ferner auf die Auswirkungen des ausgesprochenen Inlandsklimas mit heißen Sommern,

---

[1]) »A.S.H.V.E. Guide, 1930.« Im Selbstverlage der Gesellschaft, New York 1930 und folgende Jahresauflagen.

[2]) Hirsch M.: »Einfluß der Luftbeschaffenheit auf das Behaglichkeitsgefühl nach Versuch und Theorie.« Ges.-Ing., 53. Jahrg. [1930], Sonderheft.

[3]) Rybka K. R.: »Amerikanische Heizungs- und Lüftungspraxis.« J. Springer 1932, S. 133 ff.

[4]) Rybka K. R.: »Raumluftfeuchtigkeit nach amerikanischer Auffassung.« Ges.-Ing., 55. Jahrg. [1932], S. 636 ff.

[5]) Linge K.: »Luftkonditionierung in Wohnräumen.« Ges.-Ing. 56. Jahrg. [1933], S. 613. Bradtke, F.: in Rietschel-Gröbers »Leitfaden«, 10. Aufl., J. Springer 1934.

kalten Wintern, außerordentlich großen Tages- und Jahresschwankungen von Lufttemperatur, Luftfeuchtigkeit usf. auf den menschlichen Organismus, Lebensweise und Gebräuche; auch soziale und wirtschaftstechnische Unterschiede spielen in dieser Hinsicht eine große Rolle[1]).

Den äußeren Anstoß zur Verallgemeinerung der Luftveredlungsanlagen gaben die Bedürfnisse des Handels und Gewerbes. Der Mangel an geschulten Arbeitskräften im Gewerbebetrieb zwang zur Einführung arbeitsparender Vorrichtungen, was vielfach wegen übermäßiger Staub- und Dämpfeentwicklung die Anlage von großzügigen Lüftungsanlagen veranlaßte; andererseits verlangen viele solche Vorrichtungen völlig gleichartige Arbeitsbedingungen, die nur durch Luftveredlung erzielt werden können. In vielen Betrieben, Ämtern usf. erkannte man, daß veredelte Luftverhältnisse die Arbeitsleistung der Angestellten, die Güte der Erzeugnisse und ihren Zustand wesentlich besserten, während sie die Zahl von Erkrankungen und Unfällen, die Reinigungs- und Erhaltungskosten u. a. m. wesentlich herabsetzten. Der Zusammenhang von Arbeitsleistung und Unfallszahl mit dem wichtigsten Kriterium guter Lüftung, nämlich der Raumtemperatur, ist in Abb. 1 und 2 schlagend bewiesen.

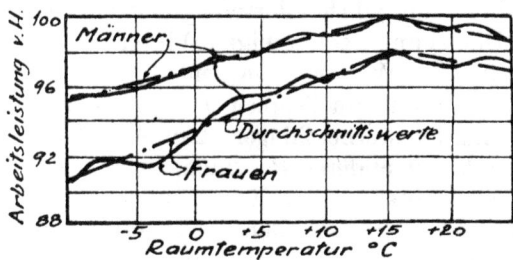

Abb. 1. Einfluß der Raumtemperatur auf die Arbeitsleistung.

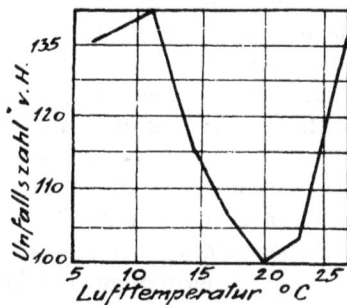

Abb. 2. Einfluß der Raumtemperatur auf die Unfallszahl.

Allerdings müssen die gelegentlich in der Fachliteratur erscheinenden Berichte über die hygienischen, versicherungstechnischen u. ä. m. Vorteile der Luftveredlung in ausgeführten Anlagen, mit Vorsicht behandelt werden. Um richtige Schlüsse zu ermöglichen, müßten Ver-

---

[1]) Die hervorstechende amerikanische Eigenheit — gleichgültig ob es sich um den Einzelmenschen oder das Volksganze handelt — Zeitabschnitte unbändiger Schaffenslust plötzlich durch grenzenlose Paniken zu beschließen, die Sucht nach Veränderung von Beruf, Umgebung, Wohnort und sogar von Familienverhältnissen usf. und die rasch wechselnden Anschauungen und Gemütsbewegungen der Einzelmenschen, die unwillkürlich auf mangelnde Reife schließen lassen, und sogar das unheimliche Verbrechertum, weiter der Stand der Volksgesundheit u. a. m. werden gelegentlich durch den zermürbenden Einfluß des hierortigen Klimas zu erklären und zu entschuldigen versucht. (Mills C. A.: »Living with the Weather«. Selbstverlag. Cincinnati, 1934. Petersen W. F.: »The Patient and the Weather«. Edwards Bros. Ann Arbor, 1934. Mills C. A.: »Air Conditioning in its Relation to Human Welfare.« Journ. A. S. II. V. E. 1934.)

gleichsuntersuchungen unter sonst unveränderten Verhältnissen vorgenommen werden. Dies trifft aber nur in den seltensten Fällen zu;
meist wird eine Neugestaltung der Lüftung oder der Einbau einer
Luftveredlungsanlage in einem Gebäude auch von anderen Änderungen,
wie Ausbau des Beleuchtungsnetzes, mittelbarem oder unmittelbarem
Schallschutz — mit allfälliger Besserung des Nervenzustandes der Anwesenden —, Umgestaltung des Betriebsplanes bzw. der Maschinenanlage usf., begleitet sein. Solche Begleitänderungen werden in mehr
oder weniger hervorragendem Maße am Gesamterfolge beteiligt sein,
was aber in der Regel unbeachtet bleibt.

Eine Verallgemeinerung der Bestrebungen nach besseren Luftver-
hältnissen wurde dadurch eingeleitet, daß man sich in vielen Kaufhäusern,
Gastwirtschaften, Schau- und Lichtspielhäusern bewußt wurde, daß der
Besuch und der Umsatz mit besseren Luftverhältnissen bedeutend wuchs.
Das gilt in gleichem Maße vom Winter- wie vom Sommerbetrieb, ob-
zwar der Unterschied im Sommer weit mehr auffällt.

Die Einführung der Wetterfertigung in das Wohnhaus hatte verschiedene Beweggründe. Man war sich seit längerer Zeit bewußt, daß
nach Amerika eingeführte Möbel, Kunstgegenstände, Bücher u. a. m., die
in ihrem Ursprungsland jahrzehnte- und jahrhundertelang einwandfrei
ausgehalten haben, in der neuen Umgebung nach wenigen Wintern rasch
verfielen. Weiter ist auffallend, daß im Winter — in zentralgeheizten
Räumen — nach mehreren Schritten auf einem Teppich, beim Berühren
von Metallgegenständen wie Tür- und Fensterbeschlägen, Lampen, Heizkörpern u. ä. m. und oft beim Berühren anderer Personen, merk- und
sichtbare elektrische Entladungen auftreten. Diese Erscheinungen sind
auf eine übermäßige Trockenheit der Luft und der Gegenstände im
Raume zurückzuführen, welche eine Folge der Dauerheizung im langen
und strengen Winter ist, gepaart mit der oft unzulänglichen Ausführung
von Fenstern, Türen und anderen Bauteilen, die einen ein- bis dreifachen
Stundenluftwechsel durch Kaltlufteinfall schon bei mittleren Wintertemperaturen bedingt.

Diese Verhältnisse führen dazu, daß die Luft gierig Wasser aus den
Raumgegenständen und vielleicht auch Schleimhäuten der Atemorgane
aufnimmt, Gewebe, Papier, Leim u. a. m. stark austrocknet, so daß dann
bei der geringsten Erschütterung Gewebefasern und andere — oft elektrisch geladene — Staubteilchen an die Luft abgegeben werden, die entweder unmittelbar, oder mittelbar durch Verschwelen auf Heizkörpern
die Schleimhäute der Atemorgane reizen und nach Ansicht einzelner Hygieniker ihre Widerstandsfähigkeit gegen Krankheitserreger herabsetzen[1]).

---

[1]) Veröffentlichungen von Mudd, Stuart und Mitarbeitern in »Journal for
Experimental Medicine, 1921«, »American Otology, Rinology and Laryngology,
1921« und auch von Goldman und Mitarbeitern in »Journal of Infectious Deseases,
1921«.

Trotz aller gebührenden Achtung für die Herren Bürgers, Bachmann u. a. m. kann sich der Verfasser nach seinen amerikanischen Erfahrungen nicht der Ansicht anschließen, daß Luftbefeuchtung im Wohnoder Aufenthaltsraume durch Schuhabstreifer, Wachsen oder Ölen der Fußböden u. a. m. ersetzt werden könne (9. Aufl. von Rietschels »Leitfaden« — »Gesundheits-Ingenieur« u. a. O.). Viele Fälle wesentlicher Erleichterung, welche auf ärztlichen Rat im Wohnhause angeordnete Luftbefeuchter ausreichender Leistung bei verschiedenen unangenehmen und langwierigen Atembeschwerden gebracht haben, sind ihm aus dem engeren Bekanntenkreise bekannt.

Gonzenbachs Begründung, daß das Sättigungsdefizit zwischen Außenluft im Winter und den Feuchtigkeit abgebenden Oberflächen der Atemorgane u. U. höher ist als zwischen trockener Raumluft und den Organen, und daß somit das Gefühl von Trockenheit im Raume nicht auf die austrocknende Wirkung der Luft zurückzuführen sei, ist m. E. nicht ganz stichhaltig. Sie gilt nur, falls die Temperatur der Oberflächen, die das Gefühl von Trockenheit registrieren, in beiden Fällen gleich bleibt und auch die Oberflächen gleichartig beschaffen sind. Die Lufttrockenheit macht sich aber wesentlich in den Nasenkanälen und gelegentlich im Rachen bemerkbar[1]). Und es ist bekannt, daß die Temperatur der Hautoberflächen und natürlich auch der Atmungskanäle mit abnehmender Lufttemperatur wesentlich abnimmt, wodurch das Sättigungsdefizit und die Wasserabgabe herabgesetzt werden, selbst wenn man außer acht läßt, daß in kalter Luft die Hautund Schleimhautblutgefäße unwillkürlich sich zusammenziehen und die Wärme- und Wasserdampfabgabe — bzw. das Gefühl von Trockenheit — wesentlich herabsetzen.

Selbst wenn die Gesamt-Wasserdampfabgabe des Menschen im Winter im geheizten Raume und im Freien anscheinend gleich ist, ist dies noch kein Beweis, daß die Schleimhäute an sich mehr, oder weniger hieran beteiligt sind, als ihre Feuchtigkeitsabgabe im Vergleiche mit der, anderer Organe und der Haut, sehr geringfügig ist.

Zu den vorangeführten Gründen der Verbreitung der Wetterfertigung gesellte sich in letzter Zeit, daß Versuche verschiedenster Art gezeigt haben, daß gute Luftfilter die durchstreichende Luft fast vollkommen von verschiedenen Pflanzenpollen und organischem Staub (Allergenen) befreien[2]), die sich als Ursachen der jährlich Hundert-

[1]) Nach W. Brünings (Deutsche med. Zeitschrift, 1936, »Das Zimmerklima«) führen niedrige rel. Feuchtigkeitsgrade bei vielen Menschen zu Austrocknung und schließlich zu Verborkung der Nasenschleimhäute, die schließlich zu einer außerordentlichen Empfindlichkeit der Atemorgane, mit langwierigen Atembeschwerden führt. Diese Empfindlichkeit — Sikkopathie — ist meist erworben, seltener angeboren.

[2]) Welker W. H.: Air Conditioning and its Effect on Hay Fever and Pollen Asthma, Zircular Nr. 26. Universität von Illinois. 1936.

Jusatz H. J.: Klimaanlagen vom Standpunkt des Hygienikers. Ges.-Ing. 59 (S. 321).

tausende befallenden Heufieber- und anderer Epidemien herausgestellt haben[1]). Da ein mehrstündiger, täglicher Aufenthalt in sorgfältig gereinigter Luft den Betroffenen meist eine wesentliche Erleichterung sichert, so ist kaum vorauszusehen, wie weit dies die Ausbreitung von Luftveredlungsanlagen für Wohn-, Büro- und öffentliche Gebäude fördern wird.

2. Anwendungsgebiete.

Man unterscheidet im amerikanischen Sprachgebrauche zwischen Winter- und Sommerluftveredlung. Die Winterluftveredlung beschränkt sich vorwiegend auf die Raumheizung, gepaart mit ausreichender Luftbefeuchtung und, wo angängig, auch mit Luftreinigung. In Versammlungs- und Arbeitsräumen wird sich hiezu noch eine geregelte Lufterneuerung hinzugesellen, die im Wohn- und Siedlungsbau nicht als unbedingt notwendig erachtet wird, als dort die natürliche Lüftung gepaart mit dem großen Lüftungsanteil der, meist verhältnismäßig wenigen Anwesenden ausreicht. Die Sommerluftveredlung beschäftigt sich vorwiegend mit Wärme- und Feuchtigkeitsentzug, allfällig unter Begleitung von Luftreinigung und -erneuerung.

Da Lufterneuerung im Raume das ganze Jahr, Heizung für sieben bis u. U. neun Monate und Kühlung höchstens während zwei bis drei Monaten notwendig ist, ersieht man die große Bedeutung, welche die Winterluftveredlungsanlagen mit allfälliger Sommerlüftung gegenüber den Sommerklimaanlagen angenommen haben. Wenn auch die Zahl der Luftveredlungsanlagen, die vorwiegend für den Sommerbetrieb bestimmt sind oder mit Rücksicht auf diesen erstellt worden sind, rasch zunimmt, sind Anlagen, die für Winterbetrieb bestimmt sind und deren Lüfter, Wäscher usf. im Sommer ohne besondere Zusatzanlagen betrieben werden, weitaus in der Mehrzahl.

Es gibt natürlich verschiedene Zwischenstufen, welche einen mehr oder weniger vollkommenen Betrieb unter verschiedenen Vorbedingungen ermöglichen, und ihre Anwendung wird von der Zweckbestimmung des zu veredelnden Raumes oder Gebäudes, den örtlichen Klimaverhältnissen und nicht unwesentlich von wirtschaftlichen Erwägungen abhängen. So werden beispielsweise Schulanlagen in der gemäßigten Zone fast durchwegs — mit Ausnahme von Büchereien, allfälligen Sommerschulen u. ä. m. — nur der Winterluftveredlung bedürfen, während die Sommerluftveredlung auf den Betrieb der allfälligen Lufterneuerungs- und Reinigungsanlagen beschränkt bleiben wird, da sie während der heißen Jahreszeit geschlossen sind und die an sich seltenen, vorzeitigen Hitzewellen durch Freigeben der heißen Tagesstunden (Hitzferien) über-

---

[1]) In letzter Zeit hat man außerordentlich gefährliche Epidemien — wie Polyomyelitis u. a. m. — durch Allergene zu erklären versucht. (Toronto Daily Star, 11. Dez. 1937.)

kommen werden können. Ebenso genügen in vielen Schauspielhäusern, Musikhallen u. a. m. lediglich Lufterneuerungs- und vielleicht Luftwaschanlagen für den Sommerbetrieb, da die Vorstellungen während der heißen Jahreszeit vorwiegend auf die kühleren Abendstunden eingeschränkt sind und meist für eine längere Frist gänzlich eingestellt werden. Außerdem sind solche Monumentalbauwerke vielfach derart massiv gebaut, daß die Speicher- und Wärmeschutzwirkung des Mauerwerkes den Temperaturverlauf im Inneren derselben vergleichmäßigt und Temperaturspitzen abschwächt.

In Lichtspielhäusern, Kaufhäusern, Gastwirtschaften u. ä. m. hat die Sommerbewetterung im weitesten Sinne eine größere Bedeutung angenommen, besonders dort, wo die Kundschaft den bemittelten Klassen und dem Mittelstande angehört. In Büro- und Arbeitsräumen hingegen dringt sie überall dort ein, wo andauernd gleichartige Leistung der Angestellten, ein dauernd guter Gesundheitsstand und hauptsächlich gleichbleibende Güte der Erzeugnisse von Bedeutung ist und sie hat sich in den verschiedensten Zweigen der Industrie eine Dauerstellung erworben. Die gebräuchlichen Temperatur- und Feuchtigkeitsgrenzen in verschiedenen Betrieben sind in der Zahlentafel 1 zusammengefaßt.

Die Sommerluftveredlung dringt auch rasch im Verkehrswesen ein. Einerseits handelt es sich hier um ausreichende Lufterneuerungsanlagen mit Luftreinigung, welche das Öffnen der Fenster und das hiemit verbundene Verschmutzen der Wagen wie auch des Gepäckes und der Kleidung der Fahrgäste ausschließen. Andererseits nehmen besonders in Überlandfahrzeugen und in Gebieten mit heißen Sommern, wie auch in der Weltschiffahrt Luftveredlungsanlagen zu, welche den Reisegast vom zermürbenden Einfluß des Klimawechsels bei längeren Reisen schützen.

Die Sommerluftveredlung sollte auch im Krankenhauswesen die größte Beachtung finden. Wenn auch die hohen Anschaffungskosten der Luftveredlung des Großteiles der Räume in einem Krankenhause für lange Zeit im Wege stehen werden, sollten wenigstens die Operations- und einige Krankenräume luftveredlet werden, die während der heißen Jahreszeit jeweils denjenigen Kranken zugewiesen werden könnten, welche ihrer meist bedürfen. Es ist bekannt, daß das rasche Anschwellen von Sterbefällen während außerordentlicher Hitzeperioden weniger auf den unmittelbaren Einfluß der Witterung, als auf die mittelbaren Auswirkungen wie Verzögerung des Genesungsvorganges, oder Verschlimmerung an sich ernsthafter Fälle zurückzuführen ist.

In letzter Zeit sind überdies großzügige Versuche unternommen worden, die Sommerluftveredlung, insbesondere die Luftkühlung in den Gesichtskreis der weiteren Bevölkerungsschichten zu rücken und die allfälligen Erfolge haben eine große Bedeutung, nicht nur für den Heizungs- und Lüftungsfachmann, sondern auch für den Gemeinde-,

Zahlentafel 1. Gewerbliche Raumluftverhältnisse.

Betrieb	Abteilung	Temper. °C		Rel. Feucht. v.H.	
Bäckerei	Mehllager.	20	27		60
	Hefelager.	−2	+5	60	75
	Kneten, Aufbereiten u. a. m..	25	27	55	70
	Gären		27	76	80
	Kühlung des Brotes usf.		21	60	70
	Feinbäckerei (Kneten, Aufbereiten usf.) . .		25		65
Brennerei und Brauerei	Gären im Bottich.	7	10		50
	Hopfen, Malz u. a. Lager		16	30	45
Ziegel- und Kachelerzeug.	Lehmlager		16		35
	Formerei		27		60
	Trocknen von Ziegeln.	80	95		
	Trocknen von Chamotte usf.	45	65	50	60
Drogen und Chemie	Lagerräume	15	27	35	50
Süßwaren	Chokolade	16	18	50	55
	Zuckerwaren	20	27	30	50
	Packraum, Lager u. a. m.	15	20	50	65
Apotheken	Lagerraum	20	27	30	35
Elektr. Maschinen	Isolierung		40		5
	Erzeugung von (baumwollgesch.) Leitungs-draht	15	27	60	70
	Andere Abteilungen und Lager	15	27	35	50
Pelze	Färbereien		45		
	Lager und Verwahrung	−3	+5	25	40
Leder	Färbereien		30		
Linoleum	Druckereien		27		40
Zündholz	Erzeugung	22	23		50
	Lager		15		
Zündkapsel	Füllung		20		55
Papier-erzeugung und Druckerei	Schneiden, Binden, Leimen, Trocknen usw. von Papier.	15	27		60
	Druckerei		24	60	78
	Steindruck	15	24	20	60
	Lager	15	27	35	45
Lackieren	Lufttrocknen	20	35	25	50
	Ofentrocknen	85	150		
Textil	Baumwoll-, Seide-, Woll-Karden, Spinnen .	23	27	60	70
	Wollweberei, Baumwollkarden u. ä. m. . . .	23	27	50	55
	Kunstseide		20	65	85
Nahrungs-mittel	Butterraum.		15		60
	Milchkühlraum		5		60
	Ei-, Obst-, Butter-Lager	0	2	75	80
	Fleischlager.	−20	−15		50

Wasser-, Kraft-, Gas- und Heizwerksfachmann u. a. m., da solche Anlagen in größerer Zahl ausgeführt einerseits die Möglichkeit bieten, durch ihren Energieverbrauch die Sommertäler der Belastungsschaubilder der verschiedenen Energiewerke wenigstens teilweise zu füllen, andererseits aber durch ihren Wasserverbrauch die Belastung von Wasserwerken und u. U. auch der Abwasseranlagen bedeutend zu erhöhen.

Einen großen Einfluß übte hier das Bestreben, durch weitgehende Normalisierung die Massenherstellung der Anlagen zu fördern. Es ist allgemein gebräuchlich, die Bauelemente der Anlagen auf eine geringe Zahl von Größen oder Bauformen zu beschränken und größere Leistungen durch Zusammenbau mehrerer Teilanlagen auf gemeinsamen Rahmen oder in einem Gehäuse usf., mit gemeinsamer Antriebsmaschine, zu erzielen. Dieses Vorgehen setzt die Kosten der Anlagen wesentlich herab.

3. Physiologische Grundlagen.

a) Allgemeines.

Unter Lüftung versteht man heute in Amerika die Zuführung oder Abführung von Luft in oder aus einem geschlossenen Raum unter Zuhilfenahme von natürlichen oder künstlichen Strömungen. Als Luftveredlung bezeichnet man hingegen die Schaffung, Aufrechthaltung und Regelung von Luftverhältnissen, die im engeren Sinne den in einem Raume anwesenden Menschen, im weiteren Sinne auch den darin enthaltenen Tieren, Pflanzen und Gütern in irgendeiner Hinsicht zuträglicher sind als solche, die unvermeidlich werden, wenn man die Luft im Raume sich selbst überläßt. Im technischen Sinne werden als Luftveredlung alle Vorgänge bezeichnet, welche die Luft in einem geschlossenen Raume gleichzeitig wenigstens auf zuträglicher oder gewünschter Temperatur, Feuchtigkeit und Geschwindigkeit halten.

Luftveredlung und Lüftung sind deshalb in gewisser Hinsicht wesensgleich. Während aber die Lüftung sich meist auf die Zufuhr bzw. die Abfuhr einer bestimmten Luftmenge beschränkt, was beispielsweise in Abluftanlagen oder in Auftriebslüftungen nur notdürftig die gewünschten Ergebnisse zeitigt, ist in Bewetterungsanlagen die umzuwälzende Luftmenge von weitaus geringerer Bedeutung als die Aufrechterhaltung oder Schaffung der vorbestimmten Wärmeinhalts- und Strömungsverhältnisse in den Räumen.

Ähnlich den in Europa von den Hygienikern und Gesundheitstechnikern aufgestellten Erfahrungsmaßstäben zur Ermittelung der notwendigen Lüftungsgröße für besetzte Räume, um den Aufenthalt darin innerhalb vorausbestimmter Grenzen erträglich oder behaglich zu gestalten, ging auch die amerikanische Luftveredlungstechnik bis vor kurzem von einer Reihe solcher Maßstäbe aus, die sich bezogen auf[1]):

---

[1]) Siehe Anm. 3 S. 8.

a) die sogenannte wirksame Lufttemperatur,
b) den Gehalt an Staub,
c) den Gehalt an Krankheitserregern,
d) den Gehalt an Geruchs- und Ekelstoffen,
e) den Gehalt an Kohlendioxyd,
f) die Luftverteilung im Raume und
g) in letzter Zeit gesellten sich hiezu Rücksichtnahmen auf den Ionengehalt der Raumluft.

Überall dort, wo durch gewerbliche oder andere Vorgänge die Gefahr der Anhäufung anderer gesundheitsschädlichen Beimengungen in der Raumluft zu erwarten wäre, muß außerdem fallweise auch für diese ein zulässiges Höchstmaß festgelegt werden und Vorsorge getroffen werden, daß sie in der zulässigen Verdünnung gehalten werden. Obwohl die hiefür notwendigen Lüftungsanlagen und Vorrichtungen außerhalb des Rahmens der Lüftungstechnik fallen, kommt ihre Ausführung häufig dem Lüftungsingenieur zu, wobei ihm allerdings die notwendigen Berechnungsgrundlagen vom Spezialfachmann gegeben werden müssen.

Für die Berechnung von Luftveredlungsanlagen für Aufenthaltsräume, in denen keine anderen Verunreinigungsquellen vorkommen als die anwesenden Menschen — und unter der Einschränkung, daß diese ruhen oder nur mäßige Muskelarbeit leisten — kommt heute von diesen Maßstäben lediglich die wirksame Temperatur in Betracht, sofern das von der A.S.H.V.E. empfohlene Mindestmaß von Frischluftzufuhr für gewöhnliche Aufenthalsräume von etwa 17 m^3/h je Kopf nicht unterschritten wird, da diese Frischluftmenge für gewöhnlich ausreicht, den Krankheitserreger-, Geruchs- und Ekelstoffgehalt, sowie die Kohlendioxydzunahme in zulässigen Grenzen zu halten.

Hier wird allerdings vorausgesetzt, daß der Staubgehalt der Außenluft in gesundheitlich zulässigen Grenzen ist, da sonst eine entsprechende Luftreinigung notwendig wird; die in den bewetterten Räumen selbst entstehenden Staubmengen sind innerhalb der vorerwähnten Einschränkungen bis auf geringe Ausnahmen (Schulstaub) und auch außerhalb dieser, außer in einzelnen Gewerbebetrieben, derart belanglos, daß von der Aufstellung eines Staubmaßstabes abgesehen werden kann. Die Luftreinigung hat aber trotzdem aus hygienischen und wirtschaftlichen Gründen eine maßgebende Stellung in der Luftveredlungstechnik errungen, da man sich bewußt ist, daß gut gereinigte Luft die Reinigungs- und Erhaltungskosten der Bauelemente der Lüftungsanlage wie der Lufterhitzer, Lüfter und Kanalnetze auf ein Mindestmaß herabsetzt, gesundheitsschädliches Schimmeln und Modern der im Kanalnetz abgesetzten Verunreinigungen und Rösten des Staubes in den Lufterhitzern wesentlich verringert, Staubfahnen an und nahe der Lüftungsöffnungen ausschließt oder verringert u. ä. m. Diese Rücksichtnahmen sind in Amerika von weit größerer Bedeutung als unter europäischen Verhältnissen. An sich ist die Zahl der Lüftungs-, Luftheizungs- und Bewetterungsanlagen außerordentlich groß, und sie sind in Leistung und Größe untereinander sehr verschieden. Aus wirtschaftlichen Gründen ist es nur selten möglich, die Kanalquerschnitte derart groß zu wählen, um eine einwandfreie, regelmäßige Reinigung zu sichern. Tatsächlich wird hierauf auch in den meisten Fällen keine Rücksicht genommen, da hier als Hauptgrundsatz gilt, daß eine Lüftungs- bzw. Luftveredlungsanlage nur dann gerechtfertigt ist, wenn sie sich in wirtschaftlicher Hinsicht der Gesamtanlage anpaßt. Eine Lüftungsanlage, deren Verteilungsnetz überall zugänglich und leicht reinigbar ist, kostet aber meist so viel, daß sich ihr Betrieb unwirtschaftlich gestalten muß. (Ich spreche hier von amerikanischen

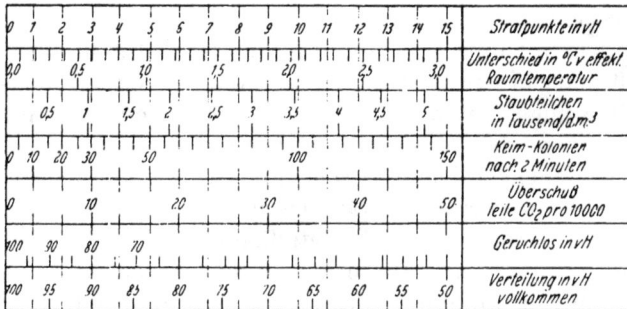

Abb. 3. Synthetische Lufttafel (nach Dr. E. V. Hill).

Verhältnissen, die sich aber vielfach verallgemeinern lassen. Man stelle sich nur das Verteilungsnetz einer Luftheizungsanlage für ein Familienkleinhaus vor, wo beispielsweise bei Auftriebbetrieb die einzelnen Warmluftrohre voneinander unabhängig vom Warmluftsammler am Heizofen abgehen und etwa 25 bis 30 cm weit und 7 bis 10 cm tief sind, falls man alle Kanäle zugänglich und reinigbar herstellen wollte; die Anlagekosten einer solchen Anlage würden sich wahrscheinlich mehr als verdoppeln, selbst wenn man den Raumverlust nicht berücksichtigt. Anm. d. Verf.).

Die anderen Maßstäbe behalten eine gewisse Bedeutung zur Bewertung von ausgeführten Anlagen; diese geschieht unter Zuhilfenahme der synthetischen Lufttafel (Abb. 3), in der jedem im untersuchten Raume gewonnenen Messungswert eine Strafpunktbewertung gegeben wird und die Summe der Strafpunkte abgezogen von 100 als Kriterium der Güte der Anlage angesehen wird[1]). Nach den Vorschriften der A.S.H.V.E. soll dieser Gütegrad für öffentliche Gebäude nicht 88 bis 90 v.H., für Nebenräume 85 v.H. unterschreiten. Dies

---

[1]) Siehe Anm. 3 S. 8.

ist nur bei sehr günstigen Verhältnissen ohne mechanische Lüftung erreichbar[1]).

In letzter Zeit änderte sich entschieden die Stellungnahme der Fachleute bezüglich der Ozonisierung und der Ionisierung der Raumluft. Noch vor kurzem schrieb man dem Ozon gute, hauptsächlich keim- und geruchtötende Eigenschaften zu und mit der Ausbreitung der Umlüftung verbreiteten sich Ozonanlagen in Gewerbebetrieben, Kaufhäusern, Licht- und Schauspielhäusern und sogar in Unterrichts- und Fürsorgeanstalten. Die neuere Forschung hat mit dieser Strömung vollständig gebrochen; die keimtötende Wirkung des Ozons tritt erst bei einer gesundheitsschädlichen oder physiologisch unangenehmen Konzentrierung des Ozons auf, und in bezug auf Geruch wirkt es nur als Geruchsdecke, da es durch seine Eigenschaften hervorsticht, und nicht als Geruchstilger.

Weitgehende Untersuchungen[2]) in den letzten Jahren sollen gezeigt haben, daß auch in bestluftveredelten Räumen sich die Menschen nach einiger Zeit weniger frisch fühlen als im Freien; man glaubte sogar gefunden zu haben, daß künstlich gelüftete Räume denen mit Fensterlüftung nachstehen[3]). Diese Erscheinung wurde durch die Änderung im Ionengehalt in besetzten Räumen und durch seine rasche Herabsetzung bei Luftströmung durch Metallkanäle zu erklären versucht und man hat gelegentlich eine Besserung dieser Verhältnisse durch künstliche Ionisierung der Raumluft, gestützt auf diesbezügliche physiologische Untersuchungen[4]), vorgeschlagen.

Gegen diese Bestrebungen wird aber von anderen Seiten ernstlich gewarnt[5]). Die durch verschiedene in der Natur vorkommende Ionenverteilung bedingten Ladungen sind an sich so gering, daß ihr Einfluß auf den menschlichen Organismus gänzlich belanglos sein muß.

---

[1]) Die Unsicherheit, welche in letzter Zeit bezüglich der empfehlenswerten Lüftungsausmaße besteht — vielfach wird ein erbitterter Kampf gegen bestehende Vorschriften geführt und einzelne Fachleute stellen sich entschieden gegen die künstliche Lüftung —, ist einer allgemein gültigen Norm in dieser Beziehung bislang im Wege gestanden.

[2]) Yaglou, Benjamin u. Choate: »Changes in Ionic Content in Occupied Rooms Ventilated by Natural and Mechanical Methods.« A.S.H.V.E. Transactions, Vol. 37, 1931. Wait G. R. und Torreson O. W.: »Large Ion and the Small Ion Content of Occupied Rooms.« Journ. A.S.H.V.E. (1935). Yaglou u. Benjamin: »Diurnal and Seasonal Variations in the Small Ion Content of Outdoor and Indoor Air.« Heating, Piping and Air Conditioning (1934).

[3]) Es fragt sich hier, wieviel von der Theorie des »Anthropotoxin«, welche um die Jahrhundertwende gelegentlich verfochten wurde, hier in anderer Form wiederkehrt. Anm. d. Verf.

[4]) Yaglou, Brandt u. Benjamin: »Physiologic Changes during Exposure to Ionized Air.« Heating, Piping and Air Conditioning (1933).

[5]) Loeb L. B.: »The Nature of Ions in Air and their Possible Physiological Effects.« Journ. A.S.H.V.E. 1934.

Die Vorrichtungen, welche für derartige Zwecke Verwendung finden könnten, sind noch nicht so vollkommen, um eine einwandfreie Regelung des Vorganges zu ermöglichen, so daß sie unter Umständen gesundheitsschädliche Reizungen und Nervenschäden bedingen könnten, außerdem sind diese Vorgänge (in Natur und im Versuchsapparat) von einer Reihe von Nebenvorgängen begleitet wie Ozonbildung, Bindung von verschiedenen Gasen, besonders Stickstoff und Wasserstoff zu Ammoniak (NH_3) und anderen, die einzeln oder vereint auf den menschlichen Organismus schädlich einwirken dürften.

Im Gegensatz zu den elektrisch geladenen Kleinteilchen in der Luft, wurde den ungeladenen Kondensationskernen bislang wenig Beachtung hinsichtlich ihres Einflusses auf das Behaglichkeitsgefühl und allenfalls auf den Gesundheitszustand der Menschen geschenkt. Da ein Teil der in der Luft enthaltenen Kerne beim Atmen in den Organen zurückbleibt, liegt die Annahme nahe, daß dem Kerngehalt der Luft eine gewisse hygienische Bedeutung zukommt.

In letzter Zeit schenkt man auch dem Luftdrucke in Aufenthaltsräumen eine gewisse Aufmerksamkeit; leider sind die diesbezüglichen Forschungsergebnisse noch allzu geringfügig, um folgerichtige Schlüsse zu erlauben.

Die größte Bedeutung haben aber in dieser Hinsicht (nach Ansicht des Verfassers), die im Freien vorhandenen psychologischen und gewisse physiologische Reize, die im geschlossenen Raume abhanden sind und denen bislang nicht die gebührende Beachtung geschenkt worden ist. Vorerst ist der Aufenthalt im geschlossenen Raume viel eintöniger als außen; weiters ist die Tätigkeit hier viel mehr an eine beschränkte Arbeits- oder Aufenthaltsstelle gebunden. Selbst wenn man im Freien einer geregelten Tätigkeit nachgeht, wird der unvermeidliche und von den Sinnen unwillkürlich empfundene Wechsel, sei es im Landschaftsbilde, in der Beleuchtung, Tönungen usf. oder auch in der ständig wechselnden Temperatur, Stärke und Richtung allfälliger Luftströmungen, erfrischend wirken[1]).

b) Die wirksame Temperatur.

Vergleicht man die vorangehende Zusammenstellung und Ausführung bezüglich der Lüftungsmaßstäbe mit den diesbezüglichen Angaben

---

[1]) Den großen Unterschied zwischen den Luftströmungen im Freien und im Raume ersieht man daraus, daß Luftgeschwindigkeiten und -Temperaturen, die im Raume als Zugerscheinungen schwere Gesundheitsschädigungen bedingen, im Freien überhaupt nicht auffallen, oder gar angenehm empfunden.

Die veränderlichen Luftströmungen im Freien gaben in einem größeren Amtsgebäude die Veranlassung zum Betriebe der Lüftungsmaschinen bei dauernd wechselnden Drehzahlen, um veränderliche Luftströmungen zu schaffen. Ob dieser Versuch hygienisch wertvoll ist, konnte bislang nicht ermittelt werden.

verschiedener deutscher Fachleute[1][2]), so fällt auf, daß die wirksame Temperatur anscheinend die von ihnen vorgeschlagenen Wärme- und Feuchtigkeitsmaßstäbe ersetzt, d. h. etwa dem, von einzelnen Forschern vorgeschlagenen Wärmeinhaltsmaßstab entspricht. Tatsächlich ist aber die wirksame Temperatur vom Wärmeinhalt wesentlich verschieden, als sie einen Einfluß mitberücksichtigt, dem in der deutschen Lüftungstechnik (vielfach berechtigterweise) keine wesentliche Bedeutung zugeschrieben wurde, nämlich die Luftströmung im Raume; ein weiterer, wesentlicher Unterschied liegt darin, daß der Wärmeinhalt ein technisch meßbarer Zustand ist, während die wirksame Temperatur ein empirisch ermittelter Maßstab der physiologischen, größtenteils nur subjektiv meßbaren Auswirkungen von physikalischen Vorbedingungen ist.

Die Grundlage des Begriffes der wirksamen Temperatur bildet die Tatsache, daß der Eindruck von Wärme, Kälte oder Behaglichkeit bei veränderlicher Lufttemperatur und Feuchtigkeit innerhalb gewisser Grenzen unveränderlich gehalten werden kann, wenn gleichzeitig die Geschwindigkeit der Luft, welche den Körper trifft, in einem bestimmten Verhältnis geändert wird. Das subjektive Gefühl von Wärme oder Kälte bei stiller Luft, d. h. in einem Raume, wo die Luftgeschwindigkeit kleiner als 0,15 m/s ist, bei gewöhnlicher Straßenbekleidung der Versuchspersonen, geringer Anstrengung (beispielsweise Kanzlei- oder Schularbeit) und in mit Wasserdampf gesättigter Luft, wurde den weiteren Folgerungen zugrunde gelegt und mit dem jeweiligen Temperaturgrade bezeichnet[3]).

Zustände höherer oder niedrigerer Temperatur, veränderter Feuchtigkeit und Luftbewegung, welche dasselbe Gefühl auslösen, werden mit demselben Temperaturgrade bezeichnet, und da dieser meist weder mit der Trockenkugel noch mit der Feuchtkugelthermometerablesung übereinstimmt, wurde dieser empirische Vergleichswert als wirksame Temperatur[4]) bezeichnet. (Im nachfolgenden werden gelegentlich auf diesen Temperaturbegriff bezügliche Angaben durch w. T. kenntlich gemacht.) Für die vorgenannten Einschränkungen, d. h. für Straßenbekleidung und geringfügige Muskeltätigkeit sind in Abb. 4 die wirksamen Temperaturwerte für verschiedene Kombinationen von Lufttemperatur, -feuchtigkeit und -geschwindigkeit graphisch dargestellt

---

[1]) Rietschel-Brabbée: »Leitfaden der Heiz- und Lüftungstechnik.« 7. Auflage. Springer, 1924.

[2]) Dietz L.: »Lehrbuch der Lüftungs- und Heizungstechnik.« 2. Aufl. Oldenbourg, 1920.

[3]) Einzelne deutsche, englische und in letzter Zeit auch amerikanische Forscher befürworten berechtigterweise die Einführung von Bezugswerten, die auf 50 v. H. rel. Feuchtigkeit aufgebaut sind. Dies hat eine große praktische Bedeutung, als solche Bezugswerte den tatsächlichen Raumverhältnissen besser gerecht werden können, als Werte, die auf gesättigter Luft aufgebaut sind.

[4]) In der amerikanischen Praxis rechnet man natürlich mit Fahrenheitgraden.

und können im Schnittpunkt der Geraden, welche die zugehörige Trocken-
kugel- und Feuchtkugelthermometerablesung verbindet, mit der Krumme
der zugeordneten Luftgeschwindigkeit auf der durch diesen Punkt ge-
legten wirksamen Temperaturlinie abgelesen werden. Diese Darstellung
setzt voraus, daß man die, der gewünschten oder herrschenden Luftfeuchtigkeit zugeordnete Feuchtkugeltemperatur kennt. Eine beliebte
Darstellung der wirksamen Temperaturwerte ist in Abb. 5 wiedergegeben
und sie unterscheidet sich von Abb. 4 dadurch, daß außer der Trocken-
und Feuchtkugelthermometerablesung auch die absolute und relative

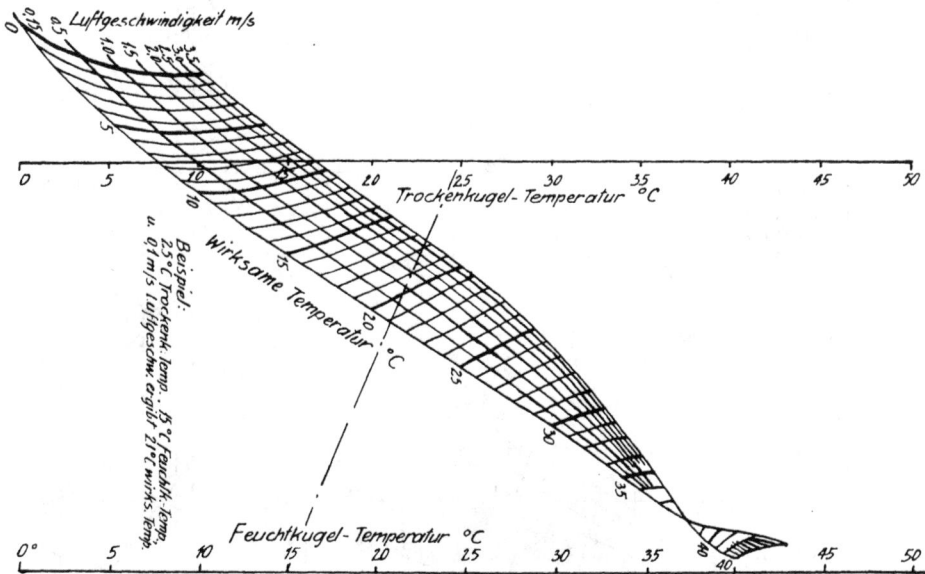

Abb. 4. Schaubild wirksamer Temperaturen für Ruhe bei Straßenbekleidung [1][2].

Feuchtigkeit und nach Bedarf auch das Sättigungsdefizit der Luft für
gegebene Verhältnisse aus der Tafel unmittelbar abgelesen werden kann;
allerdings ist sie in bezug auf die Luftströmung bloß auf eine bestimmte
Geschwindigkeit, in diesem Falle auf praktisch stille Luft von höchstens 0,15 m/s Geschwindigkeit beschränkt.

Dieses Schaubild wird aber für den größten Teil der Luftveredlungs-
aufgaben von Aufenthaltsräumen wie Wohn-, Schul-, Kanzlei-, Ge-
schäfts-, Versammlungszimmern u. a. m. ausreichen, da man hier durch-

---

[1] Im »Beispiel« lies »weniger als 0,15 m/s« statt »0,1 m/s«.

[2] Die Angaben der Abb. 4 bis 10 sind Versuchsergebnissen aus der Pittsburger Versuchsanstalt der A.S.H.V.E. entnommen. Diese Versuche sind von
C. F. Houghten und Mitarbeitern in 1930 und den folgenden Jahren vorgenommen worden und verschiedentlich in den Veröffentlichungen der A.S.H.V.E. er-
schienen. (»Transactions« und »Journal« A.S.H.V.E. [1926 bis 1937]).

wegs mit normaler Straßenbekleidung und geringfügiger Muskeltätigkeit bei geringen Luftgeschwindigkeiten wird rechnen können; Luftgeschwindigkeiten von mehr als 0,5 m/s, welche den Körper treffen, selbst wenn die Luft auf Raumtemperatur vorgewärmt ist, werden vielfach als Zugerscheinungen unangenehm empfunden und sind in der Luftveredlungspraxis verpönt, ebenso wie es empfohlen wird, die Zuluft nicht mehr als

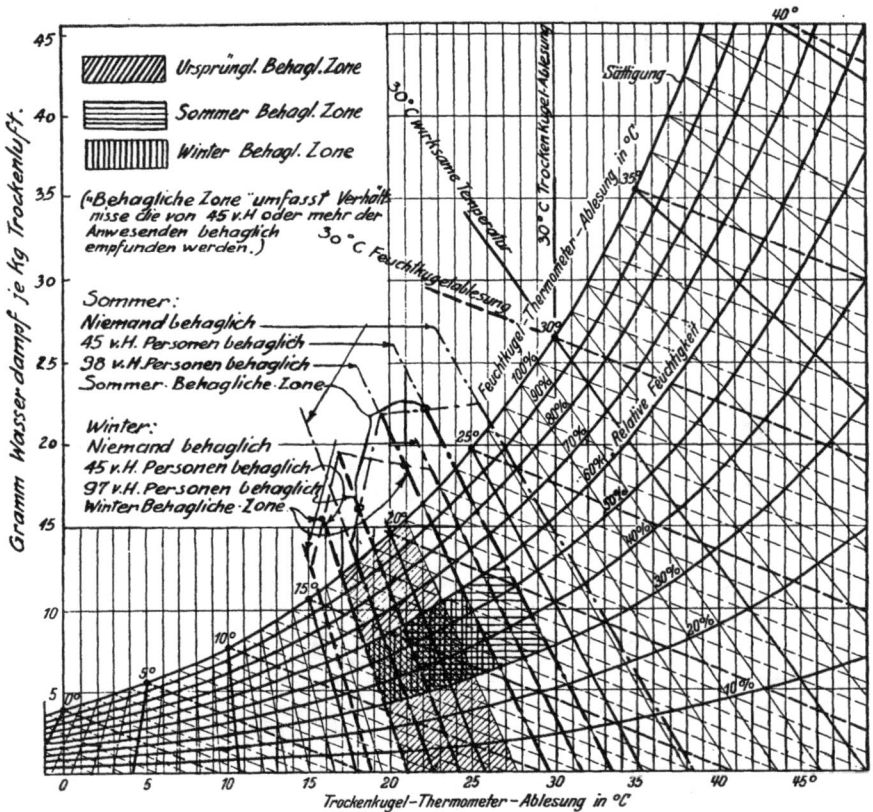

Abb. 5. Schaubild der behaglichen Zonen.

etwa 2,5° C kühler als Raumtemperatur — in der Nähe von Menschen — eintreten zu lassen, da dies ein Kältegefühl auslösen könnte. Und man ersieht aus Schaubild 4, daß innerhalb der gebräuchlichen Raumtemperaturen die wirksamen Temperaturen bei 0,5 m/s von denen bei praktisch stiller Luft und sonst gleichen Vorbedingungen nur etwa um 1° C w. T. abweichen.

Für andere als die vorangeführten Anstrengungs- und Bekleidungsgrade der Menschen in bewetterten Räumen, also beispielsweise für Schwerarbeit und hiebei oft gebräuchlichen entblößten Oberkörper und sonst sehr leichte Bekleidung, wie in Gießereien u. a. m., werden sich von den in Abb. 4 dargestellten wesentlich verschiedene Beziehungen zwischen wirksamer Temperatur, Lufttemperatur, Feuchtigkeit und Geschwindigkeit ergeben. Man ist hier in ähnlicher Weise vorgegangen, d. h. man bestimmte das subjektive Gefühl der Mehrzahl der Versuchspersonen erst bei gesättigter stiller Luft, beim gewählten Bekleidungs- und Anstrengungsgrade und teilte diesem die Temperaturgradbezeichnung als w. T. zu, z. B. das bei 20° C Lufttemperatur bei Sättigung (d. h. 20° C Trocken- und Feuchtkugelthermometerablesung) verzeichnete Gefühl von Wärme wurde als 20° C w. T. bezeichnet. Veränderte Luftverhältnisse, welche dasselbe Gefühl erzeugten, erhielten denselben wirksamen Temperatur-

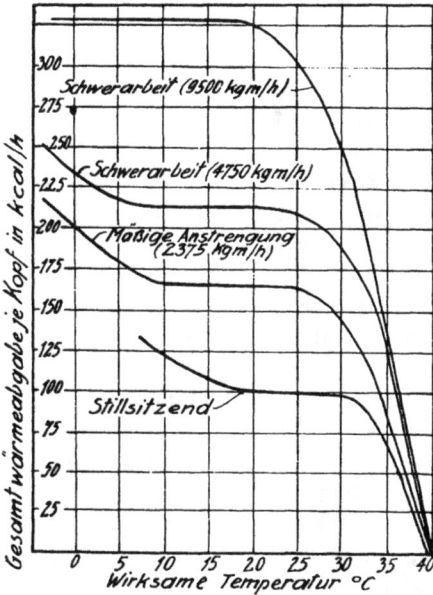

Abb. 6. Wärmeabgabe von Menschen in bezug auf wirksame Temperaturen.

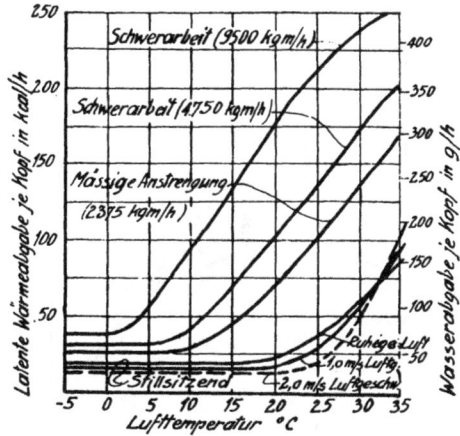

Abb. 7. Wasserdampfabgabe von Menschen.

grad zugeteilt. Für entblößten Oberkörper und geringe Muskeltätigkeit sind die entsprechenden Vergleichswerte der Abb. 9 zu entnehmen und es ist ersichtlich, wie weit sie von den Angaben der Abb. 4 abweichen; ein Schaubild, welches für einige wirksame Temperaturlinien die Unterschiede, welche durch erhöhte Luftgeschwindigkeit und veränderte Bekleidung bedingt werden, darstellt, ist in Abb. 10 wiedergegeben, während für verschiedene Muskeltätigkeit bis zu etwa 12000 kg m/h ermittelte Durchschnittswerte der Wärme- und Feuchtigkeitsabgabe von erwachsenen (Einheits-)Menschen (von 1,81 m² Körperoberfläche) in Abb. 6 bis 8 graphisch dargestellt sind; diese bilden zum Teil die Grundlage der wirksamen Temperaturschaubilder und Tafeln[1]).

Die Abb. 6 gibt die bei verschiedenen wirksamen Temperaturen abgegebene Gesamtwärme je Kopf und Stunde, während Abb. 8 die fühl-

---

[1]) Siehe Anm. 2 auf S. 21.

bare Wärmeabgabe bei verschiedenen Lufttemperaturen und Luftgeschwindigkeiten und Abb. 7 die Feuchtigkeitsabgabe der Menschen bei
verschiedenen Luftverhältnissen angibt. Die Abb. 7 ermöglicht also die
Schätzung der Feuchtigkeitszunahme im besetzten Raume, während
die Abb. 8 die Schätzung der Temperatursteigerung ermöglicht. Man
muß sich unbedingt vor Augen halten, daß, unabhängig vom Wärmeinhalt der Luft im Aufenthaltsraume, bloß die fühlbare Wärmeabgabe
der Temperaturerhöhung und die Feuchtigkeitsabgabe der Feuchtig-
keitssteigerung der Luft dient.

In Abb. 5, d. h. für ruhige Luft, Straßenbekleidung und geringfügige Anstrengung der Personen fällt auf, daß die Gerade der Lufttemperatur (Trockenkugelthermome-
terablesung) mit der Krumme der
wirksamen Temperatur etwa bei
+ 8° C zusammenfällt bzw. daß in
Abb. 4 die Lufttemperaturskala die
Krumme der wirksamen Temperatur
für stille Luft in diesem Punkte
schneidet; hieraus ist zu folgern, daß
bei dieser Lufttemperatur eine beliebige Änderung der Luftfeuchtigkeit
von völliger Trockenheit zu Sättigung keine Änderung des Behaglich-
keits- bzw. des Wärmegefühles her-
vorruft. Oberhalb dieses Grenzwertes
erzeugt zunehmende Luftfeuchtigkeit
den Eindruck von Temperaturzu-
nahme (Schwüle), während unterhalb

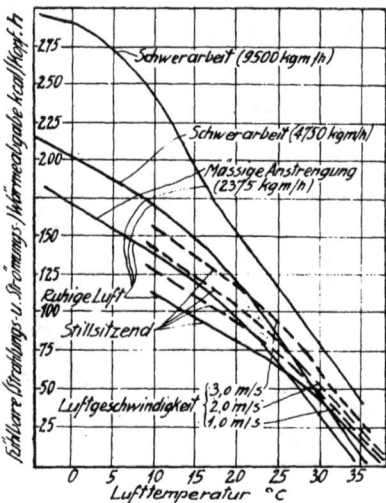

Abb. 8. Wärmeabgabe von Menschen in
bezug auf Raumtemperatur.

einer Feuchtigkeitszunahme das Gefühl einer Temperaturabnahme ent-
spricht. Für höhere Luftgeschwindigkeiten tritt diese Grenzlinie bei
höheren Lufttemperaturen auf; aus Abb. 4 ersieht man für Luftgeschwindigkeiten von 0,5, 1,5 und 2,5 m/s ein Verschieben des Grenzwertes nach etwa 10,5, 13 und 15° C (w. T. und Lufttemperatur).

Aus Abb. 4 und 5 ersieht man auch, daß eine wirksame Temperatur
von etwa 35 bis 38° C, also etwa die normale Körpertemperatur, ausgedrückt als w. T., von der Luftgeschwindigkeit unabhängig ist und bei
höheren wirksamen Temperaturen die Vorgänge umschlagen, d. h. der
Körper anfängt, Wärme aus der Umgebung aufzunehmen, ein Zustand,
der nur für kürzeste Zeit ausgehalten wird und rasch zu gesundheitsschädlichen und tödlichen Wärmestauungen führt.

Der amerikanischen wirksamen Temperatur ist von einigen Seiten
der Vorwurf gemacht worden, daß sie viele der Einflüsse, welche im täglichen Leben das Gefühl der Behaglichkeit, Wärme und Kälte usf. be-

einflussen, außer acht gelassen habe und somit Grundlagen geschaffen
habe, die nur beschränkte Gültigkeit haben. Einen großen Einfluß
scheint hier die Temperatur der, die Räume einschließenden Wandungen

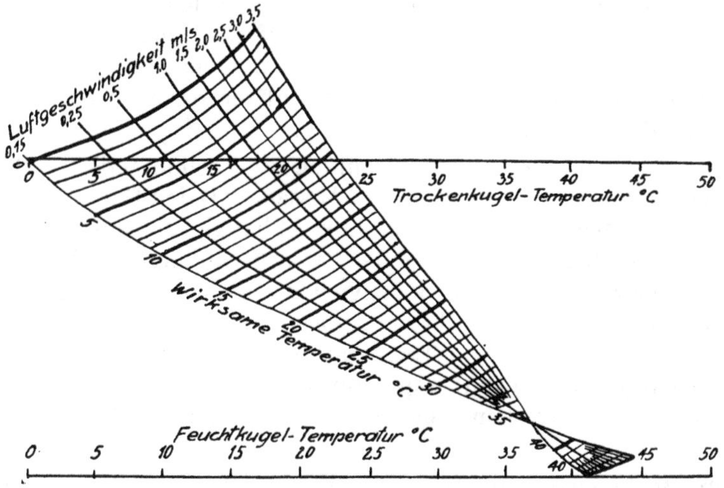

Abb. 9. Schaubild wirksamer Temperaturen für Ruhe mit entblößtem Oberkörper.

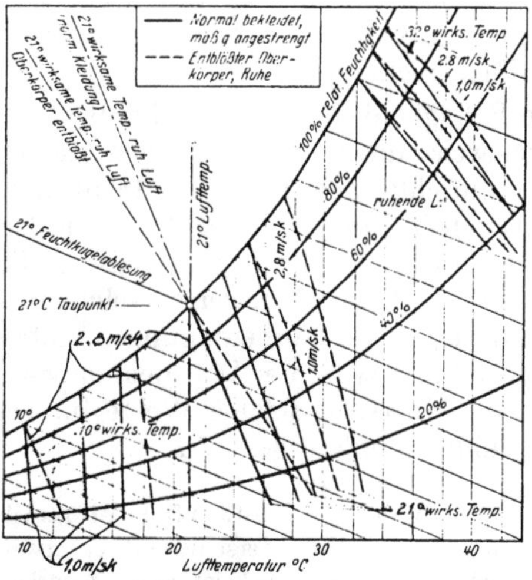

Abb. 10. Einfluß von Bekleidung und Anstrengung auf wirksame Temperatur.

auszuüben, ein Umstand, welcher u. a. die englische Fachtechnik zur
Entwicklung und weitgehenden Verwendung der Strahlheizung bewegte.
Diese Tatsachen sind der amerikanischen Forschung geläufig, und sie
werden gelegentlich, wo dies möglich ist, in das Bereich der Betrachtungen gezogen. Im allgemeinen wendet man aber die vorbesprochenen

Forschungsergebnisse bedenkenlos und anscheinend mit gutem Erfolge an, was sich teilweise daraus erklärt, daß in größeren Gebieten Amerikas auch Gebäude, die anderweitig nur gelegentlich vorübergehend beheizt werden, wie beispielsweise Kirchen, Festhallen, Säle u. a. m., zum großen Teil ununterbrochen (wenn auch meist auf niedrigere Raumtemperaturen) beheizt werden, wodurch in solchen Gebäuden das Nacheilen der Wandtemperaturen gegenüber der Lufttemperatur wesentlich gemildert wird.

Im Bestreben, der Wärmestrahlung die gebührende Stellung in der Luftveredlung zu geben, führte A. Missenard[1]) den Begriff der »resultierenden« Temperatur ein. Wegen ihrer Abhängigkeit von außerordentlich vielen, wechselnden Umständen, wie Strahlung der Wandungen, Menschen, Gegenstände u. a. m., eignet sie sich vorwiegend als Maßstab für die Güte ausgeführter Anlagen. Bei Sommerbewetterung dürften die »resultierenden« Temperaturen nur unwesentlich von den wirksamen (amerikanischen) Temperaturen abweichen, da die letzteren ihre Grundlage darstellen, die für Wärmestrahlung berichtigt worden ist.

Ihre praktische Bedeutung im Winter ist ebenfalls recht gering, da die Berechnung von Anlagen nach den D.I.Normen geschieht, während für die Überprüfung ausgeführter Anlagen meist das Thermometer als zureichend angesehen wird. Ihre Zukunftsbedeutung als Vergleichsmaßstab ist allerdings recht groß.

Trotzdem die Behaglichkeitsforschung bei weitem nicht abgeschlossen ist und beispielsweise die A.S.H.V.E. einen ständigen Ausschuß mit dem Studium der einschlägigen Fragen betraut hat, liefern die Forschungsergebnisse auch in ihrer heutigen Form in der Hand des erfahrenen Fachmannes zufriedenstellende Ergebnisse. Es darf aber nicht vergessen werden, daß die Erfahrungswerte, welche in Abb. 6 zusammengefaßt sind, sich auf bestimmte Vorbedingungen stützen und daß andere Verhältnisse durch richtige Wahl der Wärmeabgabewerte berücksichtigt werden müssen. Eine Übersicht solcher Werte für verschiedene Vorbedingungen ist in Zahlentafel 2 gegeben[2]).

---

[1]) Ges.-Ing. 60 (S. 737) u. a. O.; auch Chauffage et Ventilation 1931 und 1933. In diesem Zusammenhange wurde auch verschiedentlich erwähnt, daß Anregungen Missenards, die Versuche auch unter Berücksichtigung niedriger Wandtemperaturen u. a. m. fortzusetzen, von der A.S.H.V.E. zwar verwendet worden sind, ohne aber die gebührende Quellenangabe zu machen. Dies ist allerdings nicht ganz richtig, da auf diesen Punkt bereits vor den Veröffentlichungen Missenards durch hervorragende amerikanische Fachleute, wie die Professoren Willard und Kratz hingewiesen worden ist. (Siehe »Transactions A.S.H.V.E.«, 36. Bd. 1930 u. a. O.)

[2]) Siehe auch Rietschels »Leitfaden«, Dietz' »Lehrbuch« u. a. m.

Zahlentafel 2. Gesamtwärmeabgabe bei verschiedener Tätigkeit[1]).

Tätigkeit	kcal/h je Erwachsener	Tätigkeit	kcal/h je Erwachsener
Ruhig sitzend	96	Höchstanstrengung. . .	833 bis 1190
Ruhig stehend	108	Schneider	120
Gehend, 3 km je Stunde	190	Buchbinder	156
» 5 » » »	262	Schuhmacher	165
» 6,5 » » »	347	Tischler	190 bis 240
» 8 » » »	632	Metallarbeiter	215
Langsam laufend	571	Möbelanstreicher. . . .	219
Äußerst anstreng. Leibes-		Maurer	372
übung	641	Holzhacker	449

c) Die behagliche Zone.

Die wirksame Temperatur stellt somit eine Vergleichsgrundlage von verschiedenen Temperatur-, Feuchtigkeits- und Luftbewegungsbedingungen in bezug auf das Behaglichkeitsgefühl der Menschen dar. Wird für einen bestimmten Luftfeuchtigkeits- und Temperaturgrad in der Nähe der üblichen Raumtemperaturen jene Luftgeschwindigkeit ermittelt, in welcher sich die Großzahl der Rauminsassen (in Straßenkleidern und bei Ruhe) am behaglichsten fühlt, und mit deren Hilfe aus der Abb. 4 die zugeordnete wirksame Temperatur bestimmt, so kann angenommen werden, daß sich für andere Feuchtigkeits- und Temperaturverhältnisse die Großzahl der Anwesenden bei jener Luftgeschwindigkeit am behaglichsten fühlen wird, welche dieselbe wirksame Temperatur ergibt. Für diese Gruppe von Menschen kann dann die Krumme der ermittelten wirksamen Temperatur als Linie des höchsten Behaglichkeitsgefühles angesehen werden. Eine große Zahl solcher Untersuchungen wurde von verschiedenen Forschern besonders in der Pittsburger Versuchsanstalt der A.S.H.V.E. unternommen, und ihr Ergebnis ist die in Abb. 5 eingetragene Krumme höchster Behaglichkeit, welche diejenigen Temperatur- und Feuchtigkeitsverhältnisse angibt, bei welchen sich der größte Anteil der Menschen (97 bis 98 v.H.) bei Ruhe und in praktisch stiller Luft behaglich fühlt.

Es ist nicht immer wirtschaftlich möglich, Luftverhältnisse im geschlossenen Raume zu schaffen, die genau die wirksame Temperatur höchster Behaglichkeit ergeben, man wird aber bestrebt sein müssen, so nahe als möglich diese Verhältnisse zu erreichen. Es ist gebräuchlich, die Linien wirksamer Temperaturen, zwischen welchen sich mindestens die Hälfte der Menschen für gewöhnlich behaglich fühlt, als die Grenzen

---

[1]) Nach Benedict (Carnegie Institution) können diese Werte wesentlich unterschritten werden. Für Personen, die während 12 Stunden keine Nahrung aufgenommen haben, beträgt die Gesamtwärmeabgabe von 60 bis 660 kcal/h, anstatt obige Werte von 96 bis 1200 kcal/h. Für praktische Verhältnisse dürften aber die in Zahlentafel 2 enthaltenen Werte anwendbar sein.

der sog. behaglichen Zone zu bezeichnen und man wird trachten, die Luftverhältnisse in gelüfteten Räumen so zu wählen, daß die daraus errechneten wirksamen Temperaturen innerhalb dieser Grenzen fallen.

Die an sich leichtere Sommerbekleidung, Gewöhnung an höhere Temperaturen und Feuchtigkeitsgrade im Sommer und andere physiologische Ursachen erklären die Tatsache, daß die Linie höchster Behaglichkeit und die behagliche Zone im Sommer höher liegen, als für Wintervorbedingungen; es werden deshalb zwei solche Zonen und Krummen notwendig, die in Abb. 5 eingetragen sind. Die empfehlenswerten Temperaturen liegen während der Heizperiode zwischen 17 und 21° w. T. und während der Kühlperiode zwischen 21 und 23° w. T.[1]).

Die Begrenzung der behaglichen Zone scheint allerdings mit den in Abb. 6 zusammengefaßten Ergebnissen in Widerspruch zu sein, als anscheinend für eine (Winter-)Temperaturzone von 17° C bis 32° C w. T. eine praktisch unveränderliche Wärmeabgabe des Normalmenschen festgestellt worden ist, die den Schluß zuläßt, daß auch das Behaglichkeitsgefühl in diesen Grenzen unveränderlich bleiben dürfte. Aus Abb. 7 ist aber ersichtlich, daß die Wasser- bzw. Wasserdunstabgabe des Menschen in diesem Temperaturbereich bis etwa 21° C w. T. nahezu konstant und sehr geringfügig ist, von hier an aber sehr rasch zunimmt und bei 32° C w. T. schon über $^2/_3$ der Gesamtwärmeabgabe ausmacht. Eine einfache Überlegung beweist, daß die Wassermenge, welche bei wirksamen Temperaturen oberhalb 21° C abgegeben wird, wahrscheinlich zu merkbarer Schweißbildung führen muß und dies mit dem Begriffe von Behaglichkeit nicht vereinbar ist, so daß die Behaglichkeitszone entsprechend eingeschränkt werden muß.

Verfasser hat an anderer Stelle darauf verwiesen[2]), daß die Behaglichkeitszone, die sich ursprünglich über das gesamte Luftfeuchtigkeitsbereich innerhalb der empfohlenen wirksamen Temperaturgrenzen erstreckte, auf Grund von Versuchsergebnissen und Überlegungen bloß auf die mittleren Luftfeuchtigkeitsgrade einzuschränken wäre, und schlug 40 bis 70 v.H. relative Luftfeuchtigkeit als Optimum vor. Höhere Luftfeuchtigkeiten werden nämlich zu Kondensation von Luftfeuchtigkeit an kalten Wandungen und Gegenständen führen, was abseits von der körperlichen Behaglichkeit schon aus wirtschaftlichen Gründen unerwünscht ist und hygienisch durch Unterstützung des Wachstums von Krankheitserregern, Schimmel u. a. m. zu beanstanden wäre. Andererseits ist allzu niedrige Luftfeuchtigkeit, wie schon vorerwähnt wurde, von verschiedenen Unannehmlichkeiten begleitet und deshalb ebenso unerwünscht.

---

[1]) Die letzten beiden Werte gelten für Räume bei Daueraufenthalt.
[2]) Anm. 3 S. 8.

Unabhängig von Verfassers Vorschlag hat kurze Zeit darauf der ständige Fachausschuß der A.S.H.V.E.[1]) auch tatsächlich die Behaglichkeitszonen auf das Gebiet zwischen einer Mindestfeuchtigkeit der Raumluft von 30 v.H. rel. Feucht. für die Heizperiode, bis zu einer Höchstfeuchtigkeit von 60 v.H. rel. Feucht. für die Kühlperiode eingeschränkt und es sind diese Grenzen in Abb. 5 besonders gekennzeichnet worden.

Dieser ständige Fachausschuß der A.S.H.V.E. verweist auch mehrfach entschieden darauf, daß die unter amerikanischen Verhältnissen gewonnenen Forschungsergebnisse auch nur für amerikanische Anwendungsgebiete gelten, da sie unter klimatischen, wirtschaftlichen und sozialen Verhältnissen gewonnen worden sind, welche von den europäischen Vorbedingungen wesentlich abweichen und deshalb auch die physiologischen Schlußfolgerungen und ermittelten Vergleichswerte nur den Versuchen ähnliche Vorbedingungen genügen werden. Tatsächlich haben auch in Amerika unter verschiedenen Verhältnissen, oft innerhalb desselben Ortes gewonnene Versuchsergebnisse diese Beschränkung der physiologischen Forschung gezeigt, bzw. es sind manchmal Unstimmigkeiten in Versuchsergebnissen nur durch solche Unterschiede zu erklären gewesen.

Dies schließt aber nicht aus, daß die amerikanischen Zahlenwerte in gewissen Grenzen auch für andere Verhältnisse brauchbare Fingerzeige geben könnten. Selbst wenn die sog. Behaglichkeitskrummen für andere Vorbedingungen nicht einwandfrei zutreffende Temperaturen liefern werden, liefern sie doch brauchbare Bezugswerte, die als Vergleichsgrundlage dienen können. Ein schlagender Beweis hiefür sind die von der Lufttechnischen Gesellschaft m. b. H. Stuttgart in verschiedenen Gebieten Mitteleuropas ausgeführten Anlagen, die unter Anlehnung an die amerikanischen Grundlagen entworfen worden sind und anstandslos arbeiten und die erwarteten Ergebnisse liefern.

In diesem Zusammenhang wird von einzelnen Fachleuten beispielsweise eine Senkung der amerikanischen wirksamen Temperaturwerte um etwa 1,4 bis 1,7° C zwecks Anwendung auf europäische Vorbedingungen empfohlen[2]). Andererseits bemerkt Bradtke in Rietschels »Leitfaden« (10. Aufl.), daß sich die amerikanischen Bedingungswerte höchster Behaglichkeit in bewegter Luft den für Deutschland gültigen Werten rasch nähern (Abb. 11)[3]). Andere Hygieniker empfehlen das Einhalten

---

[1]) Fachausschuß der A.S.H.V.E. für das Nachstudium der Behaglichkeitstafeln in seinem Berichte für die Jahresversammlung der Gesellschaft in Milwaukee, Juni 1932. Ferner »How to Use the Effective Temperature Index and the Comfort Charts«, Journal A.S.H.V.E., Juni 1932.

[2]) W. Koeniger, Z. d. V. d. I. (1933), S. 989ff.

[3]) Es ist allerdings aus Prof. Bradtkes Besprechung nicht ganz klar, ob sich seine Werte auf dieselbe Jahreszeit wie die amerikanischen Werte beziehen. Anm. d. Verf.

einer bestimmten Feuchttemperatur — beispielsweise 14° C. — Wird dieser Wert mit vorangehenden Ausführungen und besonders mit Abb. 5 verglichen, so ist die Berechtigung dieses Vorschlages klar er-

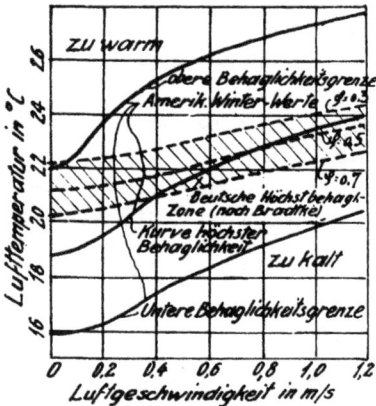

Abb. 11. Vergleich amerikanischer und deutscher Behaglichkeitswerte.

sichtlich, soferne dieser Temperaturwert durch rel. Feuchtigkeitsgrenzen etwas eingeschränkt wird. Diese Temperaturkrumme durchquert nämlich das Gebiet der behaglichen Temperaturwerte. (Für kurzen Aufenthalt und Sommer sollte diese Temperatur etwas gehoben werden.)

Bei der Anwendung der in Abb. 5 eingetragenen Linie höchster Behaglichkeit im Sommer muß allerdings besondere Vorsicht geübt werden. Bei hohen Außenlufttemperaturen wird nämlich ein derart hoher Temperaturunterschied zwischen Raum- und Außenluft bestehen, daß bei Betreten von luftveredelten Räumen ein Gefühl von Kälte unvermeidlich sein dürfte, welches eine längere Zeit, oft mehrere Stunden, anhalten wird[1]. Der vorgeschlagene Sommerwert höchster Behaglichkeit von 21,5° C w. T. wird deshalb nur in Gebieten mit mildem Sommerklima und in Räumen für Daueraufenthalt (nach den Empfehlungen der A.S.H.V.E. nur dort, wo man sich länger als 3 h aufhält) brauchbar sein.

Hieraus folgt, daß im Sommer keine einheitliche behagliche wirksame Temperatur gültig ist, da die empfehlenswerten Raumtemperaturen wesentlich von den herrschenden Außentemperaturen und von der Aufenthaltsdauer abhängen werden. Im Winter kann man durch entsprechende Bekleidung den physiologischen Einfluß tiefer Temperaturen korrigieren und beim Betreten von geheizten Räumen die entsprechende Einstellung des Körpers durch Ablegen der Oberkleider beschleunigen, im Sommer kann man aber in dieser Hinsicht nur sehr wenig tun und überläßt den Organen die Einregelung, die natürlich langsamer ist und u. U. zu unbehaglichen Wärmestauungen u. a. m. Anlaß geben kann.

So wird man sich im heißen Sommer in einem Raume von etwas niedrigerer Temperatur als außen für einige Zeit nach Betreten wohlfühlen, bald aber auch da warm sein. Hingegen dürfte man in einem kühlen Kirchenschiff anfangs kalt, nach Eingewöhnung aber ganz behaglich

---

[1] Neuere Versuche sollen gezeigt haben, daß das Gefühl von übermäßiger Kälte und Wärme ähnlich einer gedämpften Schwingung verläuft und nach einiger Zeit den Beharrungszustand erreicht. (Houghten F. C. u. Gutberlet C.: »Comfort Standards for Summer Air Conditioning.« Journ. A.S.H.V.E., 11 [1935].)

sein. Die Bestimmung der günstigsten Raumlufttemperaturen ist also
recht schwierig und erfordert einige Erfahrung und gute Kenntnis der
örtlichen Verhältnisse wie auch der Zweckbestimmung der Räume. Man
wird ein Kaufhaus, wo man sich gelegentlich wenige Minuten aufhält,
anders behandeln müssen als einen Speisesaal und wieder verschieden
von einem Vortrags- oder Theaterraum.

Jedenfalls wird der zweckmäßige Temperatursprung zwischen der
Außen- und Raumtemperatur — unter der Annahme einer optimalen
behaglichen, wirksamen Sommerlufttemperatur für Daueraufenthalt von
21,5° C — wesentlich von der augenblicklichen Übertemperatur der
Außenluft oberhalb dieses Wertes abhängen. Einen guten Anhalt
bei der Wahl der wirksamen Raumtemperatur für kurzen Aufenthalt
bei verschiedenen Außentemperaturen geben die in Zahlentafel 3 ange-
gebenen Werte.

Zahlentafel 3. Empfehlenswerte Raumtemperaturen für Sommerbewetterung von Räumen für kurzen Aufenthalt (weniger als 3 Stunden).

Außen-Trocken-kugelablesung in °C	Raumtemperaturen angenähert °C		
	Trockenkugel	Feuchtkugel	wirksam
35	26,5	18,3	22,5
32	25,5	18,0	22,0
29,5	24,7	17,8	21,5
27	24,0	17,5	21,0
24	23,0	17,2	20,5
21	22,0	17,0	20,0

In dieser Zusammenstellung ist beachtenswert, daß für eine Außentemperatur von 21° C im Sommer eine oberhalb dieser liegende Raumtemperatur von 22° C empfohlen wird. Diese Empfehlung stützt sich auf
die Erfahrung, daß im Sommer während einer plötzlichen, vorübergehenden Temperatursenkung die Luft ein Kältegefühl erzeugen wird, als man
auf höhere Temperaturen eingestellt ist und den Wechsel unangenehm
empfindet. Bei derart niedrigen Hochsommertemperaturen — die Som-
mertemperaturkrummen beziehen sich hauptsächlich auf den Hochsommer
— wird etwas Heizwärme zur Behaglichkeit in geschlossenem Raume
beitragen; dieses Entgegenkommen wird vielfach leicht zu gewähren
sein, besonders in Mischluftanlagen und auch wo die Regelung der
Luftkühlung durch Nachwärmeheizkörper, die ohnehin im Betriebe sind,
geschieht.

4. Andere Einflüsse.

Außer den physiologischen Einschränkungen in bezug auf das Behaglichkeitsgefühl in bewetterten Räumen muß man oft mit psychologischen Faktoren rechnen und gelegentlich auch kämpfen. Diese Einflüsse, die noch in naher Vergangenheit völlig unbeachtet blieben, rücken
immer mehr in das Bereich der verschiedenen Fachgebiete.

Es ist eine bekannte Tatsache, daß vielfach Menschen in vorzüglich gelüfteten Räumen (hauptsächlich Werk- und Schulräumen u. ä. m., weniger selten Räumen für vorübergehenden Aufenthalt, wie Spiel-, Vortrags- und Versammlungsräumen) sich unbehaglich fühlen, da darin notgedrungen die Fenster geschlossen gehalten werden; andererseits werden sich dieselben Personen im ständig geruchgetränkten Fabriks- oder Geschäftsviertel bei offenen Fenstern wohl fühlen. Diese Stellungnahme der Menschen hat manchmal zum Fehlschlagen der bestentworfenen und ausgeführten Anlagen geführt[1]).

Auch Eindrücke rein ästhetischer Natur sind in dieser Hinsicht manchmal von Bedeutung. So kann die künstlerische Ausstattung eines Raumes, die Tönung der Wände u. a. m. wesentlich das Behaglichkeitsgefühl beeinträchtigen. Auch konnte gelegentlich festgestellt werden, daß schon das Vorhandensein von Lüftungsgittern den Eindruck besserer Luftverhältnisse in einem Raume schaffte, selbst wenn die Lüftungsanlage abgestellt war, ja oft nicht vorhanden war u. a. m.[2]).

Allerdings muß zugegeben werden, daß die anscheinend auf bloßer Einbildung beruhenden Einflüsse oft physiologischer Natur sind. In zwei geometrisch vollkommen gleichen Räumen, deren einer reichlich mit poliertem Metall, Spiegeln u. ä. m. bedeckte Wandungen aufweist (beispielsweise völlig modern ausgestattet ist), werden sich die gleichen zugeführten Wärme- und Lichtmengen durch ihre Strahlung wesentlich mehr bemerkbar machen als in neutral gehaltenen, mit matten Bezügen hoher Strahlungszahl ausgestatteten Räumen.

Hiezu gesellt sich auch beispielsweise die Tatsache, daß man in Räumen mit verhältnismäßig trockener Luft, die sich u. U. durch Reizungen der Schleimhäute u. a. m. bemerkbar macht, obendrein schlechter hört als in feuchter Luft; diese Tatsache, die früher vielfach als Einbildung hingestellt wurde, ist durch Messungen nachgewiesen worden und läßt schließen, daß vielleicht auch andere, heute als Einbildung betrachtete Einflüsse eine physiologische Begründung haben.

5. Die Berechnungsgrundlagen der Heiz- bzw. Kühllast.

a) Wärmebewegung durch die Umfassungswandungen.

Die Berechnungsgrundlagen der Bauelemente und Verteilungsnetze von Luftveredlungsanlagen weichen nur in einzelnen Punkten von denen der Heizungs- und guter Lüftungsanlagen ab. Für den Winterbetrieb wird man die Wärmeverluste des Gebäudes, die Erwärmung der zuge-

---

[1]) Verfasser ist auf Fälle aufmerksam gemacht worden, wo einzelne Angestellte es vorzogen, ihre Stellung zu wechseln, um nicht bei geschlossenen Fenstern in einer hochmodernen Anlage arbeiten zu müssen.

[2]) Verfasser befaßte sich kürzlich mit der entgegengesetzten Erscheinung. Der Inhaber eines Büroraumes beklagte sich über Zugerscheinungen. Die Luftzu- und -abfuhr wurde zuerst gedrosselt und schließlich abgestellt, ohne daß die Klagen auf-

führten und durch die Undichtheiten der Umfassungswände einfallenden Außenluft und die zur Befeuchtung dieser Luftmengen notwendige Wärmemenge einerseits und die Wärme- und Feuchtigkeitsabgabe der Menschen und der mit ihrer Beschäftigung verbundenen Vorrichtungen, wie künstliche Beleuchtungsquellen, ferner Koch- und Waschvorrichtungen in Küchen, Anrichten, Waschküchen usf., der Speisen und des Zubehörs in Speiseräumen, der Maschinen und anderen Vorrichtungen in Arbeits- und Werkräumen andererseits ermitteln oder zweckentsprechend berücksichtigen müssen. Für die Sommerbewetterung gesellt sich zu den sinngemäß berücksichtigten vorangeführten Wärme- und Feuchtigkeitsquellen, noch die Belastung der Anlage durch die unmittelbare Sonnenbestrahlung, die vielfach den größten Teil der Sommer-(Kühl-)Last ausmacht.

Die Wärmeverlustberechnung für den Winter- und die Wärmezunahmeberechnung für den Sommerbetrieb erfolgt mittels der vereinfachten Pécletschen (Rietschelschen) Beziehung

$$W = F \cdot k \cdot (t_1 - t_0) \qquad \ldots \ldots \ldots \ldots (1)$$

worin W die stündlich durch eine Raumwand vom Flächenausmaß F m² durchtretende Wärmemenge in kcal, t_1 die Temperatur des wärmeabgebenden Mittels in °C, t_0 die Temperatur des wärmeaufnehmenden Mittels in °C und k die Wärmedurchgangszahl der Wand in kcal/m² · °C · h darstellt. Für die Wärmeverlust- und die Wärmegewinnberechnung werden durchwegs dieselben Wärmedurchgangszahlen verwendet, obzwar die Übertemperaturen und Windgeschwindigkeiten im Winter wesentlich größer sind als im Sommer, so daß die Verwendung niedrigerer k-Werte bei der Kühllastberechnung, die in anderem Zusammenhange gelegentlich empfohlen wird, völlig gerechtfertigt ist und zu befürworten wäre.

Die Wärmedurchgangszahlen werden unter Anwendung der Beziehung:

$$k = \cfrac{1}{\cfrac{1}{a_a} + \cfrac{1}{a_i} + \cfrac{d_1}{\lambda_1} + \cfrac{d_2}{\lambda_2} + \ldots} \qquad \ldots \ldots \ldots (2)$$

berechnet, worin a_a und a_i die (äußere) Wärmeaustritts- und (innere) Wärmeeintrittszahl in kcal/°C · h · m², d_1, d_2 usf. die Dicken der Einzelschichten der Wandung in m und λ_1, λ_2 usf. die Wärmeleitzahlen dieser Einzelschichten in kcal/m² · m · °C · h bedeuten. Für a_a und a_i werden in Amerika gewöhnlich die Werte 20 (für eine Windgeschwindigkeit von ca. 7 m/s) und 8 kcal/m² · °C · h verwendet, gegen-

hörten. Hierauf wurden die Lüftungsgitter in eine Seitenwand des Raumes verlegt, wo sie sich außerhalb des unmittelbaren Sehbereiches des »Betroffenen« befanden und trotzdem die ursprünglichen Luftmengen umgewälzt wurden, haben die Beschwerden aufgehört.

über den in Deutschland üblichen 13 und 7 kcal/m² · °C · h, so daß die amerikanischen Wärmedurchgangszahlen an sich etwas höher ausfallen. Dieser Unterschied nimmt eine gewisse Bedeutung bei dünnen, wärmedurchlässigen Wänden, wie Fenstern, Türen u. ä. m. an, während er bei guten Wänden belanglos wird. So ergibt sich mit diesen Ein- bzw. Austrittszahlen für Einfachfenster, verglaste Türen und Oberlichte ein k-Wert (ohne Berücksichtigung des Lufteinfalles durch Spalten und Ritzen, der in der amerikanischen Berechnung gesondert berücksichtigt wird) von 5,4 kcal/m² · h · °C, für Doppelfenster, -türen und -oberlichte $k = 2,1$ kcal/m² · h · °C und für Dreifachfenster $k = 1,4$ kcal/m² · h · °C, während für einfache Vollholztüren von 20 mm Holzstärke $k = 3,2$ kcal/m² · h · °C und zu 1,5 kcal/m² · h · °C für 70 mm Holzstärke abfällt[1]).

Bei der Ermittelung der Wärmeverluste bzw. Kühllasten, welche sich aus dem Wärmefluß durch die Wandungen ergeben, darf nicht übersehen werden, daß für Orte mit starkem Windanfall oder für besonders ungünstig gelegene Gebäude die Wärmeaustritts- bzw. Wärmeeintrittszahl entsprechend höher gewählt werden sollte. Dies wird bekanntlich einfacher durch Anwendung von festliegenden Zuschlägen zur ermittelten Wärmemenge ersetzt.

Ähnlich sollte für hohe Wandungen bzw. für Raumdecken die für diese zutreffende mittlere Oberflächentemperatur auf der dem Raume zugekehrten Seite ermittelt werden, die u. U. mit zunehmender Raumhöhe bedeutend höher sein wird als die gewählte Atemzonen-Raumtemperatur. Auch hier wird die genaue Berechnung durch Zuschläge ersetzt, sofern es sich um die Ermittlung der Wärmeverluste für Winterluftveredlung (Heizung) handelt.

Bei der Berechnung der Kühllast gilt natürlich das Umgekehrte (obwohl man hievon in der Praxis, m. E. unberechtigterweise absieht), da die hohen Raumlufttemperaturen den Temperaturunterschied zur Außenluft und mithin die Wärmezufuhr wesentlich herabsetzen. Allerdings muß hier mehr Vorsicht geübt werden und auf die Anordnung der Kühllufteinlässe geachtet werden. Befinden sie sich in Deckennähe, so wird der gesamte Luftinhalt dauernd gemischt, und die vorerwähnte Herabsetzung der Wärmezufuhr findet dann nicht statt. Auch darf die Sonnenbestrahlung durch Fenster nicht vergessen werden.

Außerdem darf nicht übersehen werden, daß an die oberen Teile hoher Räume angrenzenden Räumen von diesen Wärme zufließen wird, da, besonders bei Kühlung eine solche Vergeßlichkeit zu unliebsamen Überraschungen führen könnte.

b) Wärmeaufnahme der Zuluft.

Zu den Wärmeverlusten bzw. Kühllasten, die sich aus dem Wärmeflusse durch die Wandungen ergeben, gesellen sich noch die Wärme-

---

[1]) A.S.H.V.E. »Guide« — 1933 und folgende Jahresausgaben. Selbstverlag.

mengen W_l (kcal/h), die notwendig werden, um die Luftmenge G (kg/h), die entweder zwecks Lüftung in den Raum eingeführt wird, oder welche durch die Spalten und Undichtheiten der Umfassungswandungen einfällt, von der Außentemperatur t_a (⁰C) auf die Raumtemperatur t_i (⁰C) zu erwärmen oder abzukühlen. Diese beträgt (s. S. 45):

$$W_l = c_p \cdot G \cdot (t_i - t_a) \sim 0{,}241 \cdot G \cdot (t_i - t_a) \quad \ldots \ldots \quad (3)$$

und hiezu ist noch die Wärmemenge bzw. Kühllast W_d (kcal/h) zuzuschlagen, welche notwendig ist, um die Wassermenge zu verdampfen oder kondensieren, welche notwendig ist, um die absolute Feuchtigkeit dieser Luftmenge X_a (kg/kg) auf die gewünschte Feuchtigkeit X_i (kg/kg) zu bringen. Diese ermittelt sich, wie später gezeigt wird (s. S. 45), zu:

$$W_d = G \left[595 \cdot (X_i - X_a) + 0{,}46 \cdot X_i (t_i - t_a)\right] \quad \ldots \ldots \quad (4)$$

Der Lufteinfall durch die gebräuchlichen Ausführungsformen von mindestens einseitig verputzten, ölfarbgestrichenen oder tapezierten Wänden und Dächern ist unmerklich und kann vernachlässigt werden. Hingegen ist der Lufteinfall durch die Spalten und Ritzen von Fenstern und Türen sehr erheblich, soferne der Raum nicht Überdruck aufweist, und muß unbedingt berücksichtigt werden. In Zahlentafel 4 ist

Zahlentafel 4. Lufteinfall durch Fensterspalte m³ je m Spaltlänge.

Bauteil	Anmerkungen	Windgeschwindigkeit km/h 8	16	24	32	40	48
Rahmen	Zwischen Fensterrahmen und Laibung unverpicht. (Für verpichte Rahmen bloß 15 v. H. dieser Werte	0,3	0,75	1,3	1,9	2,5	3,2
Holzschiebe-Einfachfenster (unverriegelt) einschließlich Rahmeneinfall	Gute Bauart, ohne Dichtungsleisten	0,6	2,0	3,6	5,5	7,5	9,6
	Gute Bauart mit Dichtungsleisten (oder Doppelfenster)	0,4	1,4	2,2	3,3	4,5	5,9
	Billige, schlechtgefügte Bauart, ohne Dichtung. (Mit Dichtung etwa gleichwertig mit ungedichteten Fenstern guter Art)	2,4	6,5	10,0	14,0	18,0	23,0
Metalleinfachschiebefenster (u. Rahmeneinfall)	Ohne Dichtungsleisten (gleichgültig ob verriegelt)	1,8	4,3	7,0	9,6	12,6	16,0
	Gedichtet	0,5	1,8	3,0	4,2	5,5	7,0
Metall-Fabrikfenster	Kippflügel	4,8	10,0	16,0	23,0	28,0	35,0
Metalleinfachfenster	Größere Ausmaße	1,85	4,8	8,2	10,8	14,0	17,0
	Kleinhaus, üblicher Bauart	1,3	3,0	4,8	7,0	9,2	11,8
	Schwere Ausführung, gut gefügt	0,3	0,9	1,7	2,4	3,3	4,5
Metallgroßfenst.	Aufrechter Kippflügel	2,8	8,2	13,5	17,2	20,5	23,0

Anmerkung: Diese Zahlenwerte sind etwas niedriger gehalten als die bezüglichen Versuchswerte, um das Druckgefälle durch das Gebäude von der windzugewandten zur -abgewandten Gebäudeseite zu berücksichtigen.

3*

eine Zusammenstellung von Lufteinfallswerten für verschiedene Windstärken gegeben, und es ist hieraus der Einfluß der (mittleren) Windgeschwindigkeit, die im Winter meist über 20 km/h und im Sommer unter 15 km/h liegt, klar ersichtlich[1])[2]).

Bei der Berechnung des Lufteinfalles durch Undichtheiten in den Umfassungswänden muß man sich vor Augen halten, daß Räume mit mehr als zwei Außenwänden gleichzeitig höchstens zwei benachbarte Wände unter Winddruck haben können, daß also nur der Lufteinfall durch die beiden, den größeren Anteil aufweisenden Wände für die Berechnung der Heiz- oder Kühllast zu verwenden ist. (Tatsächlich liefert auch diese Berechnungsweise übermäßige Werte, da die gebräuchlichen Koeffizienten auf senkrechten Windanfall Bezug haben. Bei schrägem Anfall ist aber die tatsächlich einfallende Luftmenge nahezu dem wirklichen Winddruck auf die Wand proportional und dieser hängt vom cos des Einfallwinkels ab. Die Praxis sieht hievon unberechtigterweise ab.)

In allseits freistehenden Gebäuden, die keine Zwischenwände enthalten, muß hier allerdings vorsichtig vorgegangen werden, da nicht nur der Winddruck auf den dem Winde ausgesetzten Wandungen, sondern auch die saugende Wirkung des auf der abgekehrten Seite sich bildenden Unterdruckgebietes berücksichtigt werden muß.

Ähnlich muß auch in Hochhäusern, soferne nicht die Aufzugs- und Stiegenhallen von den Außenräumen sehr dicht abgeschlossen sind, die Essenwirkung dieser Schächte berücksichtigt werden. In solchen Gebäuden ist oft in den unteren Geschossen ein Lufteinfall nachgewiesen worden, der ein Mehrfaches der rechnerisch ermittelten Werte betrug, während in den oberen Geschossen selbst gegen mäßigen Winddruck Luft aus dem Gebäude gepreßt worden ist.

In Räumen, wo größere Mengen Zuluft eingeführt werden, während keine oder nur wenig Abluft abgeführt wird, die also natürlich unter einem gewissen Überdrucke stehen werden, welcher dem Lufteinfall durch die Undichtheiten der Wandungen entgegenarbeitet, wird der Lufteinfall natürlich wesentlich herabgesetzt oder gänzlich unterbunden. Hier kann, unbeschadet der Wirksamkeit der Anlage, die Heiz- bzw. Kühlleistung entsprechend herabgesetzt werden[3]). Werden in einer solchen Anlage die Wärmeverluste im Winter durch Raumheizflächen gedeckt und dient hier die Luftveredlungsanlage nur der Luftreinigung, -befeuchtung und -erneuerung in den Räumen, so kann man

---

[1]) Nach Versuchen der A.S.H.V.E. Zusätzliche Angaben in Rybka: Amerikanische Heizungs- und Lüftungspraxis. Springer 1932.

[2]) Die DIN berücksichtigen den Lufteinfall durch den Unterschied zwischen den k-Werten von Fenstern »mit Fugen normaler Durchlässigkeit« und »mit Fugen vollständig abgedichtet«. Verfasser hat allerdings schon vor Kenntnisnahme der amerikanischen Berechnungsart auf die Unzuverlässigkeit derart vereinfachter Berechnungen hingewiesen. (Gesundheits-Ing. 1928.)

[3]) Rybka: Beitrag zur Wärmeverlustberechnung usf. Ges.-Ing. 1932.

in solchen Fällen die Raumheizflächen und Kessel entsprechend ver-
kleinern, wodurch die Anlage- bzw. Betriebskosten der Luftveredlungsanlage teilweise gedeckt werden können. Diese Tatsache verdient besonders in Großanlagen mehr Beachtung, als ihr bislang gegönnt
worden ist.

In letzter Zeit ist gelegentlich versucht worden, in luftveredelten
Räumen ohne Raumheizflächen auszukommen. Dies ist nur in Sonder-
fällen einwandfrei. Soferne nämlich die Abluft- bzw. Rückluftgitter
nicht unmittelbar unter den Fenstern und anderen Stellen größter Abkühlung angeordnet sind, werden durch Strömen von abgekühlter Luft
entlang des Fußbodens zu den anderweitig angeordneten Gittern unangenehme und gelegentlich gesundheitlich schädliche Zugscheinungen
hervorgerufen. Dies ist besonders auffallend, falls die Rückluftgitter
in Fußbodennähe an Innenwänden angeordnet sind. (Lüftung von oben
nach oben [s. Abb. 61] mildert diese Erscheinung.) Die Aufstellung von
Heizkörpern an den Abkühlungsflächen, d. h. unter Fenstern usf., setzt
solche Luftströmungen ganz erheblich herab.

c) Berechnungstemperaturen.

Die Raum- und die Außentemperaturen, welche der Ermittelung
der Heizleistung einer geplanten Anlage zugrunde gelegt werden sollen,
sind seit längerer Zeit für die verschiedenen Gebiete festgelegt und in
den verschiedenen Ländern in Normen zusammengefaßt.

Hingegen sind solche Grundlagen für die Sommerbewetterung vielfach erst im Entstehen begriffen. Die Raumtemperaturen können fallweise unter Bezugnahme auf die einleitenden Abschnitte über die Behaglichkeitsforschung gewählt werden. Die Außentemperaturen, welche
der Kühllastermittelung für verschiedene Gebiete Amerikas dienen sollen, sind aus den allfälligen Wetteraufzeichnungen ermittelt worden
und es ist auffallend, daß die Rechnungshöchsttemperatur der Außenluft, ungeachtet der anscheinend großen klimatischen Unterschiede, im
Gebiete der Vereinigten Staaten von Nordamerika und der an sie angrenzenden Gebiete Kanadas mit nur wenigen Ausnahmen zwischen 30
und 35° C Trockenkugeltemperatur und zwischen 20 und 27° C Feuchtkugeltemperatur zu liegen kommt. Da mit höheren Außentemperaturen
aber auch die für viele Fälle empfohlenen Raumtemperaturen entsprechend höher liegen (wie beispielsweise in Zahlentafel 3 ausgeführt),
werden die Temperaturunterschiede, auf denen die Wärmefluß- und die
Zuluftkühlungsberechnung jeweils aufzubauen ist, für das ganze erwähnte
Bereich nahezu gleich sein. Viele Fachleute rechnen deshalb durchwegs
mit einer Höchstleistung, welche im Raume eine um 6° bis 8° C niedrigere Trockenkugeltemperatur und eine um 4° bis 5° niedrigere Feuchtkugeltemperatur als außen sichert.

d) Sonnenstrahlung.

Die größte Bedeutung nimmt aber vielfach bei der Ermittelung der Sommer-(Kühl-)Last die unmittelbare Sonnenbestrahlung der Raumwandungen ein. Sie beträgt u. U. 50 bis 75 v. H. der Gesamtkühllast. Allerdings sind die hierauf bezüglichen, derzeit zugänglichen Zahlenwerte und Berechnungsgrundlagen noch recht unvollständig und man begnügt sich häufig mit Näherungsrechnungen.

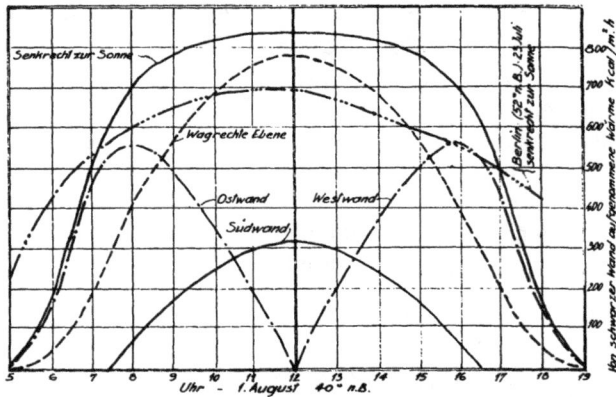

Abb. 12. Sonnenbestrahlung im Hochsommer. (Schwarze Wand.)

Abb. 12 enthält Angaben über die Wärmemengen, welche am 1. Aug. bei klarem Himmel bei 40° n. B. durch Sonnenbestrahlung von einer verschieden aufgestellten schwarzen Wand aufgenommen werden[1]). Vergleichsweise ist auch die Wärmemenge eingetragen, die am 23. Juli von einer solchen zu den Sonnenstrahlen jeweils senkrecht stehenden Wand in Berlin (52° n. B.) aufgenommen worden ist[2]). Weitere Versuche haben gezeigt, daß sich die Wärmeaufnahmen einer schwarzen (Wachslein-)Wand, einer mit Lampenruß, Ziegelstaub oder aber mit Aluminiumbronze bzw. gestrichenen Wand bei senkrechtem Einfall der Sonnenstrahlen wie 100, 94, 63,4 oder 28,2 bzw. untereinander verhalten.

Die von einer festen Wand aufgenommene Strahlungswärme wird eine Temperaturerhöhung der Außenfläche herbeiführen, welche einen Wärmeabfluß durch Strömung an die umgebende Luft und durch Leitung und Strömung an die Luft an der Rückseite der Wand einleiten wird, dessen Größe von der erreichbaren Übertemperatur abhängen wird.

Wird für die Außenwand eines Gebäudes angenommen, daß die Außenfläche eine Strahlungszahl von etwa 60 v. H. des absolut schwarzen Körpers habe, was für viele Verputz- und Steinarten angenähert

---

[1]) Nach A.S.H.V.E. »Guide« 1936; Selbstverlag, New York.
[2]) Theoretische Ableitungen und amerikanische Quellenangaben gibt Sprenger: »Der Einfluß der Sonnenstrahlung.« Ges.-Ing. 1934.

richtig ist, so wird eine Ost- bzw. Westwand nach Abb. 12 etwa 300 kcal/h je m² Oberfläche bei unmittelbarer Bestrahlung aufnehmen können. Diese Wärmemenge wird zum Teil an die Außenluft abgegeben, zum Teil durch die Mauer strömen und an die Raumluft abfließen. Die Gleichgewichtsbeziehung nach Erreichen des Beharrungszustandes wird sein

$$a_a \, (t_x - t_1) + k_i \, (t_x - t_2) = W \quad \ldots \ldots \ldots \quad (5)$$

worin

a_a die Wärmeübergangszahl nach außen in kcal/m² · °C · h bei der entsprechenden Luftgeschwindigkeit (beispielsweise 13),

k_i die Wärmeabflußzahl von der äußeren Maueroberfläche zur Raumluft in kcal/m² · °C · h,

W_1 die in der Wandung umgesetzte Sonnenwärme in kcal/m² · h (in diesem Falle 300), und

t_1, t_2 und t_x bzw., die Außen-, Raum- und äußere Maueroberflächentemperatur bzw., in °C bedeutet.

Die Wärmeabflußzahl k_i läßt sich für jede bekannte Ausführungsform der Mauer ermitteln und wird durch Umformen von Gl. (2)

$$k_i = \frac{1}{\dfrac{d_1}{\lambda_1} + \dfrac{d_2}{\lambda_2} + \ldots + \dfrac{1}{a_i}} \quad \ldots \ldots \ldots \quad (6)$$

wo d_1, d_2 usf. die Stärken der einzelnen, verschiedenen Mauerschichten in m, λ_1, λ_2 usf. die Wärmeleitzahlen der verschiedenen zugehörigen Materialien in kcal/m² · m · °C · h und a_i die Wärmeübergangszahl an die Raumluft in kcal/m² · h · °C (beispielsweise 7) darstellen.

Für eine innen verputzte, 38 cm starke Backsteinmauer (nach Abb. 13) errechnet sich die Wärmeabflußzahl zu

$$k_i = \frac{1}{\dfrac{0,38}{0,7} + \dfrac{0,02}{0,7} + \dfrac{1}{7,0}} \sim 1,4 \ \text{kcal/m}^2 \cdot {}^0C \cdot h$$

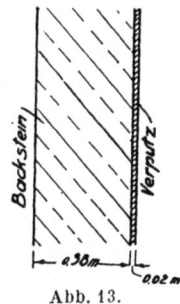

Abb. 13.

und in Gl. (5) eingesetzt, errechnet sich die Außenflächentemperatur t_x der Wand zu etwa 55° C bei einer angenommenen Raumtemperatur t_2 von 27° C und einer Außenlufttemperatur t_1 von 35° C.

Die hohe Wandoberflächentemperatur im Vergleiche zur Außenlufttemperatur zeigt unmittelbar, daß bei sonnenbestrahlten Wandungen tatsächlich ein Wärmeabfluß an die Raum- und die Außenluft stattfindet. Die Ermittelung der Wärmetransmission auf Grund des Temperaturunterschiedes zwischen Außen-

und Raumluft allein, wird sich deshalb lediglich auf die sonnenab-
gewandten Wandungen beschränken müssen.

Durch Einsetzen von k aus Gl. (1) in Gl. (6) ergibt sich die einfache Näherungsbeziehung für die Wärmeabflußzahl

$$k_i = \frac{1}{\dfrac{1}{k} - \dfrac{1}{a_a}} = \frac{k \cdot a_a}{a_a - k} \quad\quad\quad\quad (7)$$

(Für gut wärmegeschützte Wände wird k_i häufig gleich k gesetzt,
da k klein wird, verglichen mit a_a.)

Gelegentlich kommt es vor, daß vorsichtig berechnete Anlagen
trotz anscheinend ausreichender Kühlleistung nicht ausreichen, das Gefühl von unangenehmer Wärmebelästigung auszuschalten. Es handelt sich
dann möglicherweise um unmittelbare Wärmestrahlung der Innenober-
flächen der Raumwandungen. Für ein Eisenbetondach von einer Wärmedurchgangszahl $k = 3,7$ kcal/m² · h · °C errechnet sich die Wärmeabflußzahl $k_i = 5,2$ kcal/m² · h · °C. Die höchste Wärmeaufnahme der schwarzen
Dachpappehaut kann beispielsweise mit 540 kcal/m² · h angesetzt werden, woraus bei 35° C Außen- und 27° C Raumtemperatur, die Dach-
hauttemperatur zu $t_x = 63°$ C und die Raumdeckentemperatur zu t_i
~ 38° C ermittelt wird. Tatsächlich wird aber die Raumtemperatur in
Deckennähe und hiemit auch die Deckentemperatur höher liegen, als
eben ermittelt und, falls bei stiller Außenluft die Wärmeaustrittszahl a_a
bedeutend unter den angenommenen Wert von 13 kcal/m² · h · °C fällt, kann
die Deckentemperatur und ihre Wärmestrahlung für die Anwesenden
unerträglich werden. Hieraus ersieht man, daß der Wärmeschutz von
Außenwänden hoher Wärmedurchgangszahl bei Luftveredlung u. U. unerläßlich wird.

Von besonderer Bedeutung für die Kühllastberechnung ist der Einfall von Sonnenstrahlung durch Fenster. Während Glas nur unmerkliche Mengen der Strahlungswärme von Quellen niedriger Temperatur
— unterhalb 250° C — durchläßt, tritt durch eine reine Fensterscheibe
von etwa 1 mm Stärke bei senkrechtem Auffall etwa $\varepsilon = 95$ v.H. der
Sonnenstrahlung durch. Es ist ferner

$$W_n = W_0 \cdot \varepsilon^n \quad\quad\quad\quad (8)$$

worin W_0 und W_n die gesamte auffallende und die durch n mm starkes
Glas durchgelassene Strahlungswärme bzw. bedeutet, so daß durch Glas
gebräuchlicher Stärken von 1 bis 4 mm, zwischen 95 und 82 v.H. der
senkrecht auffallenden Sonnenstrahlen durchgelassen werden.

Hier helfen Doppelfenster ganz erheblich, als sie nur etwa 60 bis 65
v.H. der senkrecht auffallenden Strahlung durchlassen. Es empfiehlt sich
deshalb, in luftveredelten Gebäuden Doppel- und Mehrfachfenster zwecks

Herabsetzung der Wärmeverluste im Winter und der Kühllast im Sommer[1]) ganzjährig beizuhalten. (Allerdings steigert die, in den beiden Glasscheiben in langwellige Wärmestrahlung umgesetzte Sonnenstrahlung die Temperatur der eingeschlossenen Luftschichte und kann zu einer, allerdings nur geringfügigen Erhöhung der errechneten Fenstertransmission führen.)

Bei anderem Einfallwinkel als senkrechtem Auffall nimmt die, durch das Fenster durchgelassene Strahlungswärme mit dem cos des Neigungswinkels (von der Flächennormalen) ab. Hiebei ist noch darauf zu achten, daß dann der Mauervorsprung um die Fenster einen gewissen Teil der Fensterfläche beschattet. Andererseits sollte zu der unmittelbar durch das Fenster durchgehenden Strahlungswärme die Wärmemenge zugeschlagen werden, welche von der erwärmten Scheibe an die Raumluft abgegeben wird. Sie kann angenähert ermittelt werden, durch die Annahme, daß die von der Scheibe absorbierte Wärmemenge, wie vorausgeführt, zum Teil nach dem Raum, andernteils an die Außenluft abgeht; sie ist meist von nur geringem Einfluß.

Ähnlich wie für den Lufteinfall durch Undichtheiten gilt auch für die Sonnenbestrahlung, daß gleichzeitig nicht mehr als zwei benachbarte Hausseiten, mit Einschluß von Dachflächen sonnebeschienen sein können. Hierauf ist bei der Ermittelung der Höchstkühllast zu achten. Außerdem ist für feste Mauern usf. darauf zu achten, daß deren Höchstwärmeabgabe mit Rücksicht auf ihren Wärmeleitwiderstand zeitlich nicht mit dem Höchstwärmeeinfall durch in ihnen angeordnete Fenster zusammenfallen wird und daß die tatsächlich erforderliche Kühllast, die ohne Berücksichtigung dieses Umstandes ermittelte Höchstleistung nicht erreichen wird. Diese Nacheilung beträgt beispielsweise für eine 5 cm starke Bohlenwand $1^1/_2$ h, für 15 cm Beton 3 h, für 10 cm Rabitz $2^1/_2$ h und für eine 55 cm starke Backsteinmauer bis 10 h.

In diesem Zusammenhange ist auch darauf zu verweisen, daß gegenüberliegende Gebäude gelegentlich durch Beschattung die erforderliche Kühllast herabsetzen. Hingegen kann von stark reflektierenden Wandungen zurückgeworfene Sonnenstrahlung u. U. (allerdings geringe) zusätzliche Lasten liefern.

Die Sonnenbestrahlung ist vielfach für den größten Teil der Kühllast verantwortlich. Ein guter Wärmeschutz luftveredelter Gebäude macht sich deshalb in kurzer Zeit bezahlt. Eine Maßnahme, die noch nicht genug gewürdigt wird, ist die Anordnung von Schutzhauben oder Jalousien an der Außenseite von allen Fenstern und Glastüren, welche zu irgendeiner Tageszeit von der Sonnenstrahlung getroffen werden, da sie von 70 bis 80 v.H. der auffallenden Sonnenwärme ausschließen. (Im

---

[1]) Hiezu gesellt sich im Winter, wegen der eingehaltenen Raumfeuchtigkeitsgrade, noch der Schutz gegen Wasserniederschlag an Fenstern, welchen die Doppelfenster in hohem Maße gewähren.

Raume selbst angeordnete Fensterverkleidungen sind nur etwa halb so wirksam, außer wenn sie sich zwischen geschlossenen Doppelfenstern befinden, da die von ihnen aufgenommene Sonnenstrahlung in Wärmestrahlung umgesetzt wird, welche im Raume verbleibt.)

In größeren Anlagen wird eine Unterteilung des Verteilungsnetzes und der Maschinen nach Himmelsrichtung, Zweck der Räume, Art und Dauer der Besetzung usf. empfohlen, da hiedurch wirtschaftlicherer Betrieb und bessere Regelung gesichert wird.

e) Andere Wärmequellen.

Die Wärme- und Feuchtigkeitsabgabe von Menschen ist aus den Abb. 4 bis 10 und Zahlentafel 2 für verschiedene Vorbedingungen zu ermitteln, während diejenige von Beleuchtungskörpern, Maschinen, Vorrichtungen usf. verschiedenen Lehrbüchern oder der Erfahrung zu entnehmen ist.

Die außerordentliche Verbreitung der elektrischen Beleuchtung und Kraft macht diese vielfach zur einzigen künstlichen Wärmequelle im Raume, und es ist 0,85 kcal/W das Wärmeäquivalent der aufgewandten elektrischen Energie. Die üblichen Beleuchtungsstärken liegen zwischen 30 bis 60 W/h für Kauf- und Geschäftshäuser, 40 bis 80 W/h für Kanzleien je m² Bodenfläche u. ä. m. Allerdings nehmen diese Werte rasch zu, worauf beim Entwurfe Rücksicht zu nehmen ist[1].

Für Maschinen-, Koch- und Wärmeanlagen wird sich die Wärme- bzw. Feuchtigkeitsabgabe aus dem elektrischen Anschlußwert oder aus der Außenoberfläche und der Oberflächentemperatur der Vorrichtungen ermitteln lassen. Man muß sich aber überall dort, wo der Strom zum Kochen oder Erwärmen von offenen Flüssigkeitsflächen verwendet wird, erinnern, daß nur ein Bruchteil der Energie der Temperaturerhöhung der Raumluft dient, während der Rest durch Verdunsten von Flüssigkeit die Luftfeuchtigkeit erhöht. Diese Unterteilung der abgegebenen Gesamtwärme ist für die richtige Berechnung der Luftveredlungsanlagen von Bedeutung.

In Gastwirtschaften, Speisehallen u. ä. m. ist die Wärme- und Feuchtigkeitsabgabe der Speisen und des Zubehörs für die richtige Bemessung der Wetterfertigungsanlagen von Bedeutung, es sind aber die hierauf bezüglichen Angaben noch vielfach widersprechend. In Speiseräumen rechnet man gelegentlich mit einer Wärmeabgabe von 40 kcal/kg und einer Wasserdampfabgabe von 50 g/kg des verabreichten Speisengewichtes, d. h. mit einer Gesamtwärmeabgabe von 70 kcal/kg. Andererseits wird oft nur mit 10 kcal je Mahlzeit gerechnet, wobei man mit einer Mahlzeit je Stunde und Sitzplatz in hochklassigen Wirtschaften

---

[1] Hier ist zu beachten, daß sich in Amerika die üblichen Anschlußwerte bzw. Beleuchtungsstärken nach dem Weltkriege in etwa zehn Jahren verdreifacht haben.

und bis 3 Gästen je Stunde und Sitzplatz in billigen Wirtschaften, Ange-
stellten- oder öffentlichen Speisehallen rechnet.

Zu diesen Wärmeverlusten bzw. Wärmegewinnen gesellen sich noch
die Leitungsverluste. Sie werden durch sinngemäße Anwendung der
Gl. (1) und Gl. (2) ermittelt. Die Kanäle werden als Räume bekannter
Konstruktion, Flächenausmaße und Innen- und Außentemperatur angesehen, und es muß hier auf die hohe Luftgeschwindigkeit besonders geachtet werden[1]). Bei genauen Berechnungen muß auch auf die, der Luft
durch die Antriebsmaschine aufgezwungene Energie Rücksicht genommen werden, die in den Kanälen und im Raume allmählich in Wärme
umgesetzt wird.

6. Die physikalischen Grundlagen der Luftveredlung.

a) Ableitung.

Die Hauptaufgaben der Wetterfertigung sind außer Luftwechsel
und Reinigung, die Erwärmung und Befeuchtung der Raumluft bei
Winterbetrieb und die Kühlung und Trocknung bei Sommerbetrieb.
Die Wärme- und Wasserdampfaufnahme bzw. -Abgabe der Luft sind
durch gewisse physikalische Gesetze untereinander verknüpft, deren
Kenntnis für das richtige Erfassen der Vorgänge in Luftveredlern unerläßlich ist.

Atmosphärische Luft ist bekanntlich immer feucht, d. h. sie ist ein
Gemisch von trockener Luft und von überhitztem Wasserdampf. Für
technische Zwecke kann man feuchte Luft genügend genau als ein ideales
Gasgemisch betrachten, da Wasserdampf und trockene Luft innerhalb
der in der Lüftungstechnik gebräuchlichen Grenzen als ideales Gas angesehen werden kann.

Für Gase gilt allgemein das Gesetz

$$p \cdot V = G \cdot R \cdot T \ldots \ldots \ldots \ldots \ldots (9)$$

worin

p den Gasdruck in kg/m² (oder mm WS)[2]),
V das Gasvolumen in m³, G das Gasgewicht in kg,
T die absolute Temperatur, d. h. $(273 + t)$ in °C und
R die Gaskonstante, welche für Luft 29,27 und für Wasserdampf
   47,06 beträgt, bedeutet.

Weiters gilt für ein Gas, daß, unabhängig von anderen in einem
gegebenen Raume bereits enthaltenen Gasmengen, eine in den Raum ge-

---

[1]) Rietschel-Brabbées »Leitfaden«; Dietzs »Lehrbuch« u. a. m.

[2]) Der Luftdruck und der Teildruck des in der Luft enthaltenen Wasserdampfes
wird in der Regel in mm-Hg-Säule ausgedrückt und muß beim Einsetzen in Gl. (13
u. ff.) hierauf Rücksicht genommen werden (d. h. diese Werte müssen mit 13,6 mul-
tipliziert werden).

brachte Gasmenge gleicher Temperatur, das Raumvolumen voll aus-
füllen wird; der Druck dieses Gases kann dann mittels Gl. (9) errechnet
werden, und es ist dieser (Teil-)Druck vom (Teil-)Drucke eines oder
jeden im Raume bereits enthaltenen Gases unabhängig. Dies läßt sich
ausdrücken als (Daltonsches Gesetz):

$$V_1 = V_2 = V_0 \ldots \ldots \ldots \ldots \ldots \quad (10)$$

und

$$p_0 = p_1 + p_2 + \ldots \ldots \ldots \ldots \ldots \quad (11)$$

woraus durch Einsetzen aus Bez. (9) folgt, daß

$$G_0 = G_1 + G_2 + \ldots \ldots \ldots \ldots \ldots \quad (12)$$

In Bez. 10 bis 12 bezieht sich Index 1 auf das vorhandene, Index 2
auf das zugeführte Gas, und Index 0 auf das Gasgemisch.

Betrachtet man nun ein Gemisch von trockener Luft und von
Wasserdampf, so folgt aus Vorausgehendem, daß die Temperatur der
beiden Bestandteile dieselbe sein muß, da sonst ein Bestandteil Wärme
an den anderen abgeben wird, bis dieser Zustand erreicht wird. Hieraus
folgt, daß der Teildruck des Wasserdampfes im Gemische höchstens
denjenigen Wert annehmen kann, den gesättigter Wasserdampf bei der
gegebenen Temperatur annehmen kann und gleichzeitig, daß die Volums-
einheit der trockenen Luft bei dieser Temperatur höchstens diejenige
Wasserdampfmenge enthalten kann, die sich unter Verwendung der
Gl. (9) für diesen Dampfdruck p_s ermitteln läßt.

Dieser Fall tritt aber sehr selten ein und im allgemeinen wird der
Wasserdampfgehalt der Luft unterhalb dieser Grenze liegen; da nun
der Wasserdampf dennoch das gesamte verfügbare Raumvolumen ein-
nimmt, wird diese Dampfmenge tatsächlich überhitzt und wird den
Teildruck p_d aufweisen, der ein Bruchteil des Druckes p_s sein wird.
Es ist auch die tatsächlich in der Luft enthaltene Dampfmenge G_d ein
Bruchteil φ der höchstmöglichen, bei gegebener Temperatur darin ent-
haltenen Sattdampfmenge G_s, d. h. es ist

$$\varphi = \frac{G_d}{G_s} = \frac{p_d}{p_s} \quad \ldots \ldots \ldots \ldots \quad (13)$$

und es wird φ die relative Luftfeuchtigkeit genannt.

Aus Gl. (11) errechnet sich der Gesamtdruck p der feuchten Luft zu

$$p = p_l + p_d \ldots \ldots \ldots \ldots \quad (11\,\mathrm{a})$$

worin p_l den Teildruck der trockenen Luft bedeutet.

Der Anteil des Wasserdampfes x in kg, welcher auf 1 kg trockener
Luft entfällt, ergibt sich dann zu

$$x = \frac{G_d}{G_l} = \frac{R_l \cdot \varphi \cdot p_s}{R_d \cdot p_l} = \frac{R_l \cdot \varphi \cdot p_s}{R_d \cdot (p - \varphi \cdot p_s)} \quad \ldots \ldots \quad (14)$$

und durch Einsetzen der Werte R_l und R_d zu

$$x = 0{,}622 \; \frac{\varphi \cdot p_s}{p + \varphi \cdot p_s}; \quad \dots \dots \dots \dots \quad (14\,\mathrm{a})$$

x wird die absolute Luftfeuchtigkeit genannt.

Die Erwärmung bzw. Kühlung und allfällige Befeuchtung bzw. Trocknung feuchter Luft zerfällt somit in zwei gleichzeitig verlaufende Vorgänge, nämlich die Wärmeumsetzung in trockener Luft und in Wasserdampf. Für die einschlägigen Berechnungen ist es gebräuchlich, den Wärmezustand der trockenen Luft wie auch des Wassers für die Temperatur von 0°C als Bezugszustand aufzufassen, und es wird diejenige Wärmemenge J_l, welche notwendig ist, um 1 kg trockener Luft von 0°C auf eine beliebige Temperatur t^0 C zu bringen, als Wärmeinhalt der Luft für diese Temperatur und die notwendige Wärmemenge J_d um 1 kg Wasser von 0°C zu Wasserdampf von t^0 C zu verwandeln, als Wärmeinhalt des Wasserdampfes für die Temperatur t^0 C bezeichnet[1]).

Für trockene Luft ist somit

$$J_l = c_p \cdot t = 0{,}241 \cdot t \quad \dots \dots \dots \dots \quad (15)$$

worin c_p die spezifische Wärme der trockenen Luft bei konstantem Druck ist, die im Mittel mit 0,241 kcal/kg · °C angesetzt wird.

Für überhitzten Wasserdampf gilt in den, in der Luftveredlung üblichen Lufttemperaturgrenzen:

$$J_d = \lambda_0 + c_p' \cdot t + \sigma = 595 + 0{,}46 \cdot t + \sigma \quad \dots \quad (16)$$

worin λ_0 die Verdampfungswärme 1 kg Wasser bei 0° C gleich 595 kcal und c_p' die spezifische Wärme des Wasserdampfes bei konstantem Druck bedeutet, die mit 0,46 kcal/kg · °C angesetzt wird, während σ in diesem Bereiche vernachlässigt werden kann.

Der Wärmeinhalt feuchter Luft, bestehend aus 1 kg trockener Luft und x kg Wasserdampf bei der Temperatur t °C, wird somit betragen:

$$J = J_l + x \cdot J_d = 0{,}241 \cdot t + x \cdot (0{,}46 \cdot t + 595) \quad \dots \quad (17)$$

Diese Beziehung ist für die Verfolgung der Vorgänge in Luftveredlungsanlagen von grundlegender Bedeutung. Vielfach ist es einfacher, diese Vorgänge graphisch zu verfolgen, und zu diesem Behufe dient das in Abb. 14 dargestellte J-X-Diagramm (welches in Amerika Psychrometertafel genannt wird). In dieser Abbildung entsprechen die Abszissenabschnitte den (Trockenkugel-)Temperaturen der Luft, die Ordinatenabschnitte den absoluten Feuchtigkeitsanteilen x in g je kg trockener Luft, während die schrägen Geraden die Linien gleichen

---

[1]) Es ist zu beachten, daß dieser Bezugszustand willkürlich ist und in der (amerikanischen) Fahrenheit-Temperaturskala 0° F = — 17.8° C als Bezugspunkt gewählt wurde, worauf bei Umrechnungen zu achten ist.

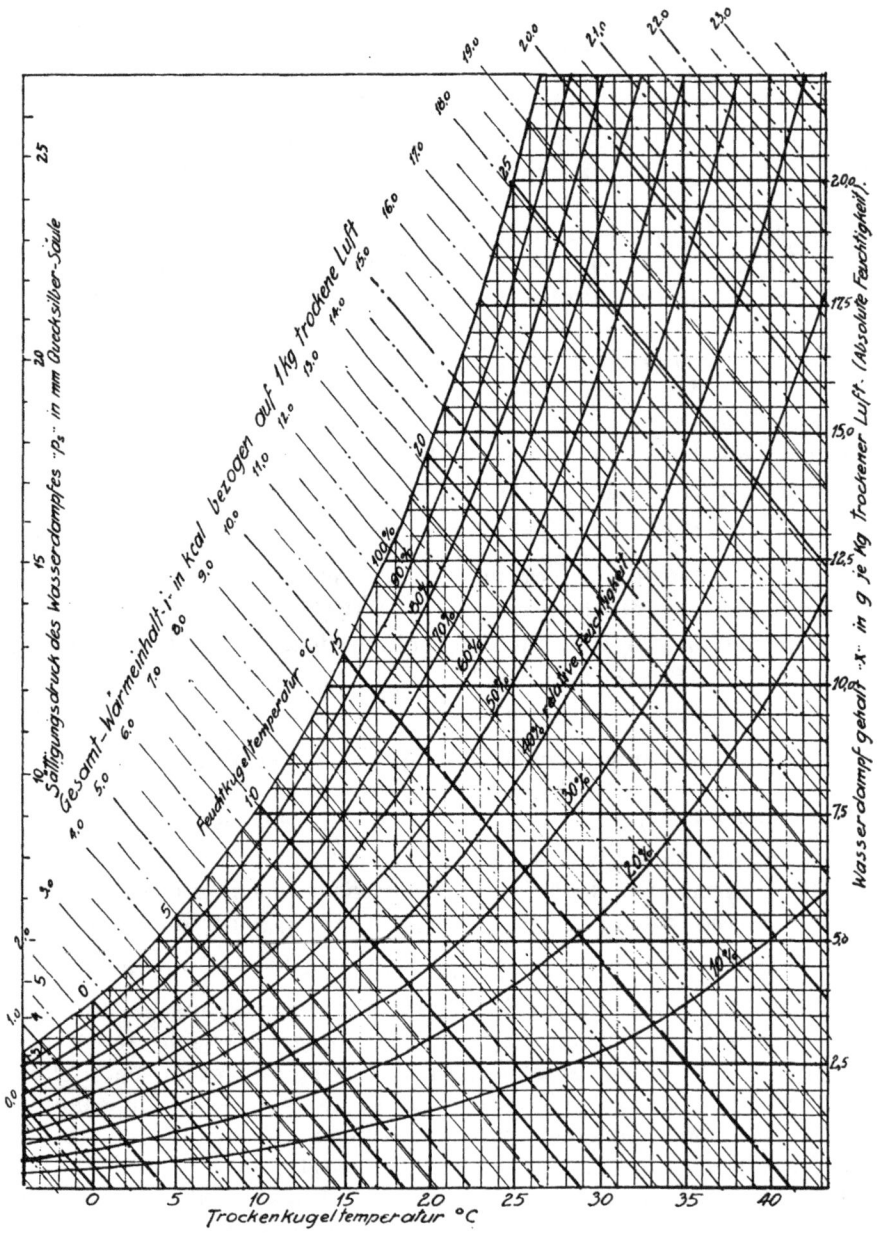

Abb. 14. J-X-Diagramm für feuchte Luft.

Wärmeinhaltes J für verschiedene Vorbedingungen und mithin auch Linien gleicher Feuchtkugeltemperaturen der Luft darstellen. Die Krummen geben die Zustandsbedingung gleicher relativer Feuchtigkeit (φ) an. (Das Verhältnis dieser Werte und der wirksamen Temperaturen ist in Abb. 5 dargestellt.) Für genauere Berechnungen kann man die Werte der Zahlentafel 5 unter sinngemäßer Berücksichtigung der Beziehungen (9) bis (17) anwenden.

Wird in einen Luftstrom Wasser in fein verteiltem Zustande eingeführt — beispielsweise durch eine Gruppe von Streudüsen —, so nimmt die Luft Wasserdampf auf und zwar nach Maßgabe der Zerstäubung, der Wassermenge, der Luftfeuchtigkeit und Temperatur und der Wassertemperatur. Zur Zustandsänderung des Wassers aus dem feinen

Zahlentafel 5. Rechnungswerte für trockene und feuchte Luft ($p_l = 760$ mm QS).
$t =$ Lufttemperatur °C, $\gamma_l =$ spez. Gewicht trockener Luft kg/m³, $\gamma_s =$ spez. Gewicht gesätt. Luft kg/m³, $p_s =$ Sättigungsdruck d. Wasserd., mm QS., $x_s =$ Wassergehalt gesätt. Luft je kg Trockenluft, g/kg, $i_s =$ Wärmeinhalt gesätt. Luft je kg Trockenluft.

t °C	γ_l kg/m³	γ_s kg/m³	p_s mm QS	x_s g/kg	i_s kcal/kg	t °C	γ_l kg/m³	γ_s kg/m³	p_s mm QS	x_s g/kg	i_s kcal/kg
—20	1,396	1,395	0,77	0,63	—4,43	13	1,235	1,228	11,23	9,35	8,74
—19	1,394	1,393	0,85	0,70	—4,15	14	1,230	1,223	11,99	9,97	9,36
—18	1,385	1,384	0,94	0,77	—3,87	15	1,226	1,218	12,79	10,60	9,98
—17	1,379	1,378	1,03	0,85	—3,58	16	1,222	1,214	13,63	11,35	10,69
—16	1,374	1,373	1,13	0,93	—3,29	17	1,217	1,208	14,53	12,10	11,4
—15	1,368	1,367	1,24	1,01	—3,00	18	1,213	1,204	15,48	12,90	12,1
—14	1,363	1,362	1,36	1,11	—2,71	19	1,209	1,200	16,48	13,80	12,9
—13	1,358	1,357	1,49	1,22	—2,40	20	1,205	1,195	17,53	14,7	13,8
—12	1,353	1,352	1,63	1,34	—2,09	21	1,201	1,190	18,65	15,6	14,6
—11	1,348	1,347	1,78	1,46	—1,78	22	1,197	1,185	19,83	16,6	15,3
—10	1,342	1,341	1,95	1,60	—1,46	23	1,193	1,181	21,07	17,7	16,2
— 9	1,337	1,336	2,13	1,75	—1,13	24	1,189	1,176	22,38	18,8	17,1
— 8	1,332	1,331	2,32	1,91	—0,79	25	1,185	1,171	23,76	20,0	18,1
— 7	1,327	1,325	2,53	2,08	—0,45	26	1,181	1,166	25,21	21,3	19,2
— 6	1,322	1,320	2,76	2,27	—0,10	27	1,177	1,161	26,74	22,6	20,2
— 5	1,317	1,315	3,01	2,47	+0,26	28	1,173	1,156	28,35	24,0	21,3
— 4	1,312	1,310	3,28	2,69	0,64	29	1,169	1,151	30,04	25,6	22,5
— 3	1,308	1,306	3,57	2,93	1,02	30	1,165	1,146	31,82	27,2	23,7
— 2	1,303	1,301	3,88	3,19	1,41	31	1,161	1,141	33,70	28,8	25,0
— 1	1,298	1,295	4,22	3,47	1,82	32	1,157	1,136	35,66	30,6	26,3
0	1,293	1,290	4,58	3,77	2,24	33	1,154	1,131	37,73	32,5	27,7
1	1,288	1,285	4,93	4,07	2,66	34	1,150	1,126	39,90	34,4	29,2
2	1,284	1,281	5,29	4,38	3,09	35	1,146	1,121	42,18	36,6	30,8
3	1,279	1,275	5,69	4,70	3,52	36	1,142	1,116	44,56	38,8	32,4
4	1,275	1,271	6,10	5,03	3,96	37	1,139	1,111	47,07	41,1	34,0
5	1,270	1,266	6,54	5,40	4,42	38	1,135	1,107	49,69	43,5	35,7
6	1,265	1,261	7,01	5,79	4,90	39	1,132	1,102	52,44	46,0	37,6
7	1,261	1,256	7,51	6,21	5,39	40	1,128	1,097	55,32	48,8	39,6
8	1,256	1,251	8,05	6,65	5,90	41	1,124	1,091	58,34	51,7	41,6
9	1,252	1,247	8,61	7,13	6,43	42	1,121	1,086	61,50	54,8	43,7
10	1,248	1,242	9,21	7,63	6,97	43	1,117	1,081	64,80	58,0	45,9
11	1,243	1,237	9,84	8,15	7,53	44	1,114	1,076	68,26	61,3	48,2
12	1,239	1,232	10,52	8,75	8,13	45	1,110	1,070	71,88	65,0	50,8

Sprühregen in Wasserdampf muß Wärme aufgewendet werden, die beispielsweise von der Luft, falls sie eine an sich höhere Temperatur aufweist, geliefert wird. Hiedurch wird die Trockenkugeltemperatur der Luft herabgesetzt, hingegen ihre Feuchtigkeit und also auch ihre Feuchtkugeltemperatur erhöht. Unter Annahme eines verlustlosen Vorganges wird der Anfangswärmeinhalt der Luft zuzüglich des Wärmeinhaltes des Wassers gleich sein dem Endwärmeinhalte der Luft zuzüglich des Wärmeinhaltes des zurückgebliebenen Wassers, das in diesem Falle eine gewisse Temperatursteigerung durch diesen Vorgang aufweisen wird.

Dieser Vorgang ist etwas verwickelt, die (fühlbare) Temperaturabnahme der Luft kann aber mit großer Annäherung bestimmt werden, soferne der »Befeuchtungsgrad« der Anlage bekannt ist (s. S. 74). Eine einfache Beispielrechnung wird die Bedeutung dieser Form von »Luftkühlung« — allgemein »Verdampfungskühlung« bezeichnet — zeigen, besonders wenn die zu kühlende Luft verhältnismäßig trocken, aber warm ist.

Wird beispielsweise Luft von 32° C Trockenkugeltemperatur und 20 v.H. relativer Feuchtigkeit, die eine Feuchtkugeltemperatur von 17,2° C aufweist — also Luft von recht häufigem Sommerzustande —, durch einen, mittels Wasserumwälzung betriebenen Luftwäscher von 65 v.H. Befeuchtungswirkungsgrad geleitet, so wird diese eine Temperatursenkung von 65 v.H. der Feuchtkugelabsenkung von $32 - 17,2 = 14,8°$ C, also $0,65 \cdot 14,8 = 9,6°$ C erleiden. Die Endtemperatur wird dann 22,4° C betragen, und die relative Feuchtigkeit wird sich unter Annahme eines konstanten Wärmeinhaltes der Luft (d. h. unter Vernachlässigung einer allenfalls geringen Erwärmung des Überschußsprühwassers) aus dem J-X-Diagramm als Schnittpunkt der 22,4° C Trockenkugelordinate mit der 17,2° C Feuchtkugellinie zu etwa 60 v.H. ergeben. Tatsächlich dürfte allerdings die Trockenkugeltemperatur wegen der, an das Überschußwasser abgegebenen Wärmemenge noch etwas niedriger sein, also beispielsweise um 22° C liegen.

Es werden nun beispielsweise 40 kg/h dieser Luft je Kopf in einen Raum eingeführt, der keine andere Wärmezufuhr als die Wärmeabgabe der Menschen aufweist; die fühlbare Wärmeabgabe je Kopf beträgt bei einer Raumtemperatur von 28° C und ruhender Luft für sitzende Insassen etwa 50 kcal/h (Abb. 8), während die latente Wärmeabgabe (nach Abb. 7) etwa 50 kcal/h = 84 g Wasserdampf je Kopf beträgt. Die Gesamtwärmeabgabe beträgt somit 100 kcal/h/Kopf. Die Abluft, welche durch die zugeführte Luftmenge ersetzt wird, soferne die Anlage im Beharrungszustand ist, wird also um 50/40 = 1,25 kcal/kg fühlbare, 84/40 = 2,1 g/kg Wasserdampf bzw. 50/40 = 1,25 kcal/kg latente Wärme und dementsprechend um 1,25 + 1,25 = 2,5 kcal/kg Gesamtwärme mehr enthalten müssen als die Zuluft. Der Wärmeinhalt der Zuluft beträgt 11,5 kcal/kg, mithin wird die Abluft bzw. die Raumluft 14,0 kcal/kg enthalten; die absolute Feuchtigkeit der Zuluft beträgt 10 g/kg, und so wird die Abluft 12,1 g/kg Feuchtigkeit aufweisen. Werden die Linien dieser beiden Zustände im J-X-Diagramm zum Schnitt gebracht, so kann dort unmittelbar die Ablufttemperatur als 27,3° C und die relative Feuchtigkeit als 52 v.H. Sättigung abgelesen werden. Dieser Zustand stimmt genügend gut mit der Annahme (28° C) überein, daß eine Nachrechnung überflüssig wird, soferne es sich nicht um Räume handelt, in denen die Besetzung nur von kurzer Dauer ist, in welchem Falle der Einfluß des Luftanteiles, des Wärmeflusses u. a. m. zu berücksichtigen sein wird.

Von einiger Bedeutung in der Luftveredlungstechnik ist die Feuchtigkeitsaufnahme der Luft bei Berührung mit feuchten Oberflächen. Die Wassermenge G (in kg), welche aus einer luftbestrichenen Wasserfläche F (in m²) stündlich verdunstet, berechnet sich aus der Beziehung

$$G = \frac{F \cdot c \cdot (p_s - p_d)}{p} \quad \dots \dots \dots \dots \quad (18)$$

worin c einen von der Luftgeschwindigkeit abhängigen Beiwert bedeutet.

Neuere amerikanische Versuche haben gezeigt, daß diese Beziehung nur eine beschränkte Gültigkeit hat und daß die Wasserverdunstung bzw. die Wärmeübertragung durch Verdunstung auch wesentlich von der Geschwindigkeit und vom Einfallwinkel des Luftstromes auf die benetzte Oberfläche abhängt. Aus eigenen und fremden Versuchen ermittelte der Verfasser für, in der Lüftungstechnik übliche Luftgeschwindigkeiten die Beziehung

$$W_0 = c \cdot F \cdot (w^2 + 3\,w)^{1/2} \cdot (p_s - p_d) \quad \dots \dots \dots \quad (19)$$

worin W_0 die durch Verdunstung von der benetzten Fläche F in m² in latente Wärme umgesetzte fühlbare Wärmemenge in kcal/h, w die Luftgeschwindigkeit in m/s und c einen Beiwert darstellt, der für zur benetzten Fläche senkrechten Luftauffall 20 und für hiezu gleichgerichtete Strömung 10 ist.

Für gebräuchliche Raumlufttemperaturen und Lufttemperaturen in Luftveredlungsanlagen kann dann die verdunstende Wassermenge G_0 in kg angenähert ermittelt werden zu:

$$G_0 = \frac{W_0}{585} = \frac{c}{585} \cdot F \cdot (w^2 + 3\,w)^{1/2} \cdot (p_s - p_d) \quad \dots \dots \quad (19\,\mathrm{a})$$

Es muß aber nicht vergessen werden, daß die Beziehungen (19) und (19a) nur für Verhältnisse gelten, wo die Drücke p_s und p_d verhältnismäßig gering sind, im Vergleiche mit dem Barometerdrucke, so daß sie für vorgewärmtes Wasser nur mit Vorsicht angewandt werden dürfen.

In Abb. 15 ist die Beziehung $a = c \cdot (w^2 + 3\,w)^{1/2}$ dargestellt, die den Wärmeaustausch von 1 m² benetzter Oberfläche bei senkrechter und paralleler Luftströmung bei 1 mm QS Sättigungsdefizit gibt. Hieraus und auch aus den Beiwerten c ersieht man, daß die Verdunstung bei senkrechtem Auffall doppelt so groß ist als bei paralleler Strömung, woraus sich teilweise der hohe Wirkungsgrad von Rieseltürmen und Prallflächenwäschern gegenüber Kühlteichen erklärt.

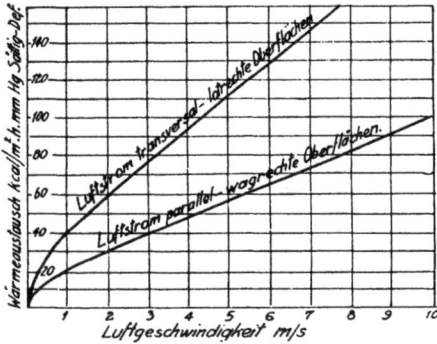

Abb. 15. Wärmeaustausch durch Wasserverdunstung.

Es soll beispielsweise die Wärmeumsetzung in einem Naßluftfilter ermittelt werden, das aus einem Wellblechpacke besteht, von 100 m² Gesamtoberfläche, durch welches 27 kg/s Luft mit einer Geschwindigkeit von 3 m/s durchstreichen. Die Luftbewegung ist parallel zu den benetzten Oberflächen. Die Luft sei 26° C und von 50 v.H. relativer Feuchtigkeit, das Waschwasser, welches zum Teil wiederverwendet wird, habe sich auf 18°C erwärmt. Der Sättigungsdruck bei 18° C beträgt 15,48 mm QS, der Dampfdruck der Luft beträgt 50 v.H. des Sättigungsdruckes von 25,20 mm QS bei 26° C, d. h. 12,6 mm QS, so daß das Sättigungsdefizit $(p_s - p_d) = 15,48 - 12,6 = 2,88$ mm QS ist.

Bei 3 m/s Luftgeschwindigkeit ergibt sich aus Gl. (19) eine Wärmeumsetzung von $W = 10 \cdot 100 \cdot \sqrt{18 \cdot 2,88}/3600 = 3,37$ kcal/s, woraus sich je kg Luft eine Wärmeumsetzung von 0,125 kcal bzw. eine Feuchtigkeitszunahme von etwa 0,21 g/kg errechnet. Die Luft enthielt eine absolute Feuchtigkeit von 10,65 g/kg, wird also nach Filterung 10,65 + 0,21 = 10,86 g/kg bei fast unverändertem Wärmeinhalt aufweisen, woraus sich aus dem J-X-Diagramm eine Endtemperatur von 26° C und 50 v.H. relativer Feuchtigkeit, also praktisch der Anfangszustand ergibt.

Ein Streudüsenluftwäscher guter Bauart würde selbst mit nur einer Lage Düsen einen Befeuchtungswirkungsgrad von etwa 65 v.H. der anfänglichen Feuchtkugelabsenkung ergeben und mindestens die zehnfache Leistung des Filters aufweisen, woraus sich die geringe Eignung benetzter Flächen zwecks Luftkühlung und, falls nicht Wasservorwärmung vorgesehen wird, auch zwecks Luftbefeuchtung ergibt. Allerdings kann man mit großflächigen, benetzten Filtern, z. B. Glasseidepölstern u. a. m., gute Erfolge erzielen. Solche Filter verschmutzen aber rasch, und der Füllstoff leidet erheblich durch häufiges Waschen und Spülen. Für Luftkühlung und Befeuchtung dürften sich deshalb Schichtenfilter bewähren, die aus billigen, porösen Stoffen aufgebaut sind — wie Koksfilter u. a. m. —, da schmutzgesättigte Schichten dann einfach durch Frischgut ersetzt werden können.

Aus den Gl. (18) und (19) ersieht man, daß Wasser von einer benetzten Oberfläche nur dann verdunsten kann, wenn ein Druckunter-
schied $p_s - p_d$, das sog. Sättigungsdefizit, besteht; hieraus folgt, daß
Luft für gewöhnlich auch dann Wasser aus einem Wasserkörper aufnehmen kann, wenn seine Temperatur viel tiefer liegt als die Lufttemperatur. Die Wassertemperatur, bei welcher die Wasseraufnahme
aufhört, ist jene, bei welcher der Teildruck p_d des in der Luft enthaltenen Wasserdampfes gleich ist dem Sättigungsdruck p'_s, bei der Wassertemperatur, d. h. jene Temperatur, bei welcher die Luft ohne Änderung
der absoluten Feuchtigkeit gesättigt wird. Aus Abb. 14 ist dies die
Temperatur des Schnittpunktes der Linie der gegebenen absoluten
Feuchtigkeit mit der Sättigungslinie[1]). So wird Luft von 25⁰ C und
20 v.H. relativer Feuchtigkeit von etwa 4,0 g/kg Wassergehalt, Feuchtigkeit, allerdings in verschiedenem Maße, aus einem Wasserkörper aufnehmen, solange seine Oberflächentemperatur oberhalb 0⁰ C liegt (woraus sich die außerordentlich austrocknende Wirkung der relativ trok-
kenen Raumluft während des jährlichen Heizabschnittes erklärt).

Hieraus folgt auch unmittelbar, daß aus feuchter Luft mittels Kühlung nur dann Feuchtigkeit niedergeschlagen werden kann, falls die
Luft gesättigt ist, d. h. auf die Sättigungstemperatur abgekühlt worden
ist. Dies bedingt also Kühlwasser- bzw. Kühlmitteltemperaturen, welche
wesentlich unter dem Taupunkte der Luft liegen und gilt theoretisch
und praktisch nahezu vollkommen von allen Bauformen von Luftwäschern und benetzten Filtern, soferne sie zwecks Luftkühlung Anwendung finden. Die Luft, welche den Wäscher verläßt, weist in der Regel
weniger als 0,5⁰ C Unterschied zwischen Trockenkugel- und Feuchtkugeltemperatur auf, soferne das Waschwasser noch mehrere Grad kühler
aus der Maschine austritt als die Fertigluft.

Diese Tatsache zwingt eine weitere Folgerung auf. Der gewünschte
Endzustand der Zuluft, oder der zur Erreichung der verlangten Verhältnisse im Raume unbedingt notwendige Endzustand derselben ist bei
Luftkühlung fast durchwegs weit vom Sättigungszustande der Luft entfernt. Andererseits aber ist die gewünschte absolute Feuchtigkeit der
behandelten Luft niedriger als die des Anfangszustandes. Da es nun
nicht möglich ist, Feuchtigkeit aus einem Luftvolumen niederzuschlagen,
wenn dieses nicht gesättigt ist, andererseits aber gesättigter Luft fühlbare Wärme zugeführt werden muß, um ihre relative Feuchtigkeit auf
einen bestimmten Grad zu senken (Abb. 16), so ist es unvermeidlich,
daß die Luft vom Anfangszustande »A« vorerst bis zum der anfänglichen
abs. Feuchtigkeit zugeordneten Sättigungspunkte bzw. Taupunkte T_a
(bei gleichbleibender absoluter Feuchtigkeit f_a) gekühlt wird, worauf
bei weiterer Kühlung der Zustand der Luft die Sättigungslinie folgt, bis

---

[1]) Diese Temperatur wird in der amerikanischen Literatur als Sättigungstemperatur oder zutreffend als Taupunkt der Luft bezeichnet.

er den Taupunkt des Endzustandes T_e erreicht, worauf bei gleichbleibender absoluter Feuchtigkeit f_e der Luft Wärme zugeführt werden muß, um den gewünschten Endzustand E zu erreichen. Ein solcher Kühlvorgang besteht also aus der eigentlichen Kühlung und der unvermeidlichen Nacherhitzung, und es muß die Kühlmitteltemperatur wesentlich tiefer liegen, als die Taupunkttemperatur T_e des Endzustandes.

Liegt aber die Temperatur des Kühlmittels oberhalb des Taupunktes T_e, welcher dem Endzustande E der Luft zugeordnet ist, beispielsweise bei S, so wird das Zustandsbild des Vorganges wie vorbesprochen verlaufen, d. h. durch den Taupunkt T_a gehen und von dort die Sättigungs-

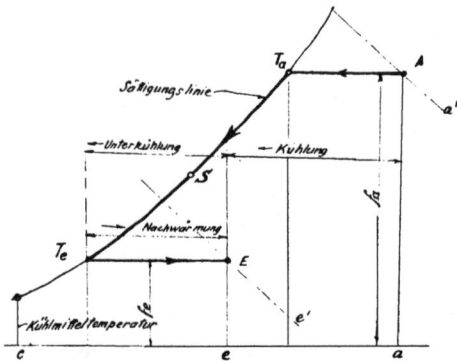

Abb. 16. Luftkühlvorgang durch Waschung.

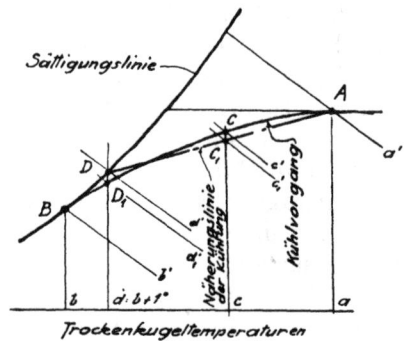

Abb. 17. Vorgang in Flächenkühlern.

linie folgen, wird aber oberhalb und bei unendlichen Größenausmaßen des Kühlers vielleicht in S enden.

Wird aber die Kühlung mittels eines Kühlmittels von gleicher, oder höheren als der Taupunktstemperatur T_a angestrebt, so wird der Kühlungsvorgang nicht mehr entlang der Linie gleichbleibender absoluter Feuchtigkeit f_a stattfinden, sondern angenähert der Linie konstanten Wärmeinhaltes folgen, und es wird eine Wärmeumsetzung von fühlbarer in (latente) Verdampfungs- und Flüssigkeitswärme stattfinden, wie bereits vorbesprochen worden ist, wobei die Summe der Wärmeinhalte der Luft und des Wassers konstant bleibt.

Wird hingegen die Luftkühlung und Lufttrocknung mittels Kühlflächen wie Röhrenkühlern, Lamellenkühlern, Rippenkästen und -rohren u. ä. m. angestrebt, so gilt nicht mehr, wie oft fälschlich angenommen wird, diese Gesetzmäßigkeit, bzw. sie ist nur in sehr beschränktem Maße anwendbar. Wird nämlich Luft durch solche Kühlkörper geleitet, so tritt Feuchtigkeitsniederschlag an den Kühlflächen auf, lang bevor die Luftmenge die Sättigungstemperatur erreicht hat. Diese überraschende Tatsache, welche den Vorgang der genauen Berechnung entreißt, soferne nicht genügend Versuchsergebnisse über die verwendete Kühlflächenbauform vorliegen, erklärt sich daraus, daß in den Rohr- oder Rippenbündeln Stauungen und Wirbel entstehen und Stromschichten unvermeidlich sind, die eine Abkühlung gewisser Fasern der Luft, die unmittelbar an den Kühlflächen liegen, unterhalb die Sättigungstemperatur bedingen und die Wasserausscheidung einleiten, während die mittlere Lufttemperatur noch bedeutend oberhalb der Sättigungstemperatur liegt.

Die Größe dieses vorzeitigen Wasserniederschlages, die in der Luftveredlungstechnik von größter Bedeutung ist, obwohl ihr nicht die gebührende Beachtung geschenkt wird, hängt also wesentlich von der Form der Kühlflächen, der Luftgeschwindigkeit, der Temperatur und Feuchtigkeit der Luft und der Kühlflächentemperatur ab. Dieser Wasserniederschlag sollte, da es sich hier meist um eine turbulente Strömung handelt, theoretisch nicht stattfinden, ist aber ganz erheblich. Dieser Vorgang nimmt besonders dort eine große Bedeutung an, wo Wasser ohne künstliche Kühlung zur Verwendung kommen soll.

Der tatsächliche Verlauf der Wärmeumsetzung in einem Luftstrome, der durch einen Flächenkühler geführt wird, wobei vorteilhaft zur Gegenstromführung gegriffen wird, verläuft etwa wie in Abb. 17 dargestellt ist. In diesem Teilbilde des J-X-Diagrammes bedeute b die Kühlwasser-(Anfangs-)Temperatur und A den Anfangszustand der zu kühlenden Luft von der Trockenkugeltemperatur a und der Feuchtkugeltemperatur a'. Sind die Kühlflächen unendlich groß, so wird der Endzustand der Luft in B sein, mit einer Trockenkugeltemperatur b und einer Feuchtkugeltemperatur $b' = b$. Mit endlich großen Kühlflächen kann aber der Zustand B nicht erreicht werden, sondern es wird lediglich ein Zustand C erreicht, der auf einer Krumme liegt, die in A eine mit der Linie konstanten Wassergehaltes (Horizontale) und in B mit der Sättigungslinie gemeinsame Tangente aufweist und sonst empirisch ermittelt werden sollte. Für Rippenkühlflächen enger Teilung, Lamellenkühlkörper u. ä. m. kann diese Krumme genügend genau durch eine Gerade ersetzt werden, welche von A ausgehend die Sättigungslinie in einem Punkte D schneidet, der um ein geringes höher liegt als der, der Kühlmitteltemperatur b zugeordnete Punkt B. Dieser Unterschied zwischen der Kühlwassertemperatur b und der Temperatur d wird von der Art und Bauweise der Kühlflächen, der Durchwirbelung der Luft und des Kühlmittels usf. abhängen und dürfte 1° C (u. U. bis 2° C) betragen. Einzelne Quellen empfehlen einfachheitshalber, diesen Unterschied zu vernachlässigen.

Je nach dem Ausmaße der Kühlflächen wird sich für den gegebenen Anfangszustand ein bestimmter Endzustand ergeben, der bei wirtschaftlichen Kühlflächenausmaßen höchstens bei 90 v.H. relativer Luftfeuchtigkeit liegt. In den meisten Fällen wird aber ein Zwischenzustand, wie beispielsweise der Punkt C, das Ziel der Bestrebungen sein; dieser Zustand wird durch entsprechende Verkleinerung der Kühl-

— 54 —

flächen oder durch Änderung der Wärmeabgabezahl derselben — beispielsweise durch Änderung der Luftgeschwindigkeit oder der Kühlmittelgeschwindigkeit (und auch Temperatur) — gesichert. Diese letzte Ausführungsform ist weit verbreitet, da sie bloß auf entsprechender Drosselung des Kühlmitteldurchganges mittels Regelventile beruht.

Unter Zuhilfenahme dieser Betrachtungen ist es möglich, für einen gegebenen Anfangs- und Endzustand der Luft die notwendige Kühlwassertemperatur zu ermitteln und umgekehrt. Sie zeigen auch, daß u. U. die Möglichkeit besteht, für gewisse Betriebsverhältnisse den Kühlvorgang derart zu entwerfen, daß von einer Unterkühlung und Nacherhitzung der unterkühlten bzw. gesättigten Luft abgesehen werden kann.

Wird beispielsweise Luft von 32° C und 50 v.H. relativer Feuchtigkeit mittels Wasser von 11° C in einem Flächenkühler auf 19° C gekühlt, so wird sie die Kühlflächen mit etwa 80 v.H. relativer Feuchtigkeit verlassen. Im Luftwäscher hingegen, falls man unter gleichen Vorbedingungen denselben Endzustand sichern will, muß die Luft vorerst auf etwa 15,5° C abgekühlt und dann auf 19° C erwärmt werden[1]).

b) Beispielsrechnungen.

Die nachfolgende Beispielsrechnung und Überlegungen werden die Anwendung dieser Grundlagen erklären.

Ein Lichtspielhaus für 1000 Personen soll bewettert werden. Im Sommer soll bei 32° C Außentemperatur und 41 v.H. relativer Feuchtigkeit, d. h. 22° C Außenfeuchtkugelablesung, bei vollem Haus (nach Zahlentafel 3) 25,5° C Trockenkugeltemperatur und 18° C Feuchtkugeltemperatur, d. h. 12,2 kcal/kg Wärmeinhalt und 9,8 g/kg absoluter Feuchtigkeit im Zuschauerraum aufrechterhalten werden. Die Wärmezufuhr von außen einschließlich der geringfügigen Beleuchtungswärme betrage 30500 kcal/h.

Die fühlbare Wärmeabgabe der Anwesenden ermittelt sich aus Abb. 8 zu 62 kcal/h je Kopf, d. h. zu 62000 kcal/h, so daß der gesamte fühlbare Wärmeentzug aus dem Raume 30500 + 62000 = 92500 kcal/h betragen wird. Wird die Zuluft derart in den Raum eingeführt, daß eine Belästigung der Anwesenden ausgeschlossen ist, beispielsweise wie in Abb. 62 angedeutet, ist es zulässig, sie um 7° bis 8° kühler in den Raum zu bringen als die Raumluft. (Dieser Temperaturunterschied — u. U. noch etwas mehr — ist mit verschiedenen Formen von Düsen und Schlitzauslässen und Anemostaten unter mannigfachen Betriebsverhältnissen anstandslos verwendet worden.) Wird also die Zulufttemperatur

---

[1]) Dies wird besonders in Anlagen von Bedeutung sein, wo der notwendige Feuchtigkeitsentzug nur einen geringen Anteil der Kühllast ausmacht. Hier wird es dann u. U. möglich sein, mit Flächenkühlern, ohne Nacherhitzung und ohne Umführung von Umluft die gewünschten Raumluftverhältnisse einwandfrei zu sichern.

$t_1 = 18^0$ C gesetzt, so ermittelt sich unter Zuhilfenahme von Gl. (15) das Luftgewicht, welches notwendig ist, um die gewünschten Verhältnisse zu sichern, zu

$$G = \frac{W}{c_p \cdot (t_i - t_1)} = \frac{92\,500}{0,241\,(25,5 - 18)} = 51\,200 \text{ kg/h},$$

d. h. die notwendige Zuluftmenge je Kopf beträgt 51,2 kg/h.

Die Besucher stellen die einzige Feuchtigkeitsquelle dar. Die Wasserdampfabgabe ermittelt sich für eine Lufttemperatur von 25,5° C aus Abb. 7 zu 40 kcal/h bzw. 68 g/h Wasserdampf je Kopf, d. h. zu 40 000 kcal/h oder 68 000 g/h Wasserdampf. Die Zuluft, welche in den Raum eingeführt wird, muß fähig sein, diese Wasserdampfmenge aufzunehmen, ohne den festgelegten Feuchtigkeitsgrad im Raume von 9,8 g/kg zu überschreiten. Jedes kg Zuluft muß also um $\frac{68\,000}{51\,200} = 1,33$ g weniger Wasser aufweisen als die Raumluft, also $9,8 - 1,33 = 8,47$ g/kg Feuchtigkeit enthalten.

Der Schnittpunkt der 18° C Trockenkugeltemperaturlinie mit der 8,47 g/kg absoluten Feuchtigkeitslinie im J-X-Diagramm (Abb. 14) ergibt den notwendigen Zustand der Zuluft, und es muß also die Zuluft 9,3 kcal/kg Gesamtwärmeinhalt aufweisen.

Wird nur Außenluft in den Raum eingeführt, so muß die Luftmenge von 51 200 kg/h im Wetterfertiger alle Wärme über 9,3 kcal/kg abgeben. Der Wärmeinhalt der Außenluft beträgt 15,4 kcal/kg, mithin muß die Kühlanlage stündlich $51\,200 \cdot (15,4 - 9,3) = 312,320$ kcal/h leisten. Die absolute Feuchtigkeit der Außenluft ist 12,5 g/kg.

Nach Abb. 17 wird, falls Flächenkühlung ohne Nachwärmung verwendet wird, die Kühlflächentemperatur sehr tief liegen (etwa 0° C), falls man es nicht vorzieht, die zulässige relative Feuchtigkeit etwas höher anzusetzen und allenfalls die Trockenkugeltemperatur etwas niedriger zu wählen. Es ist üblich, die zulässige relative Feuchtigkeit bis auf 60 v. H. zu erhöhen, falls man beispielsweise mit Brunnenwassertemperaturen von 10 bis 13° C auskommen will. Aus Abb. 5 wird unter Beibehalt derselben wirksamen Temperatur von 21,3° C die Trockenkugel bei 60 v. H. relativer Feuchtigkeit etwa 24,75° C betragen müssen.

Allerdings kann man durch Einbau genügender Kühlflächen beispielsweise mit 8° C Wassertemperatur die Luft auf etwa 14,5° C Temperatur bei 80 v. H. relativer Feuchtigkeit (nach Abb. 17) bringen, worauf sie in Nacherhitzern leicht auf die gewünschte Temperatur von 18° C, bei gleichbleibender absoluter Feuchtigkeit erwärmt werden kann. Die notwendige Kühlleistung wird in diesem Falle betragen: $51\,200 \cdot (15,4 - 8,6) = 348\,160$ kcal/h, worauf dann der Luft wieder Wärme im Betrage von $348\,160 - 312\,320 = 35\,840$ kcal/h zugeführt werden muß.

Ähnlich wird die Luftkühlung im Luftwäscher erfolgen, nur wird die gekühlte Luft den Wäscher praktisch gesättigt verlassen (Abb. 16), d. h. sie wird auf eine absolute Feuchtigkeitsstufe von 8,47 g/kg und einem Wärmeinhalt von 7,8 kcal/kg unterkühlt, wozu eine Kühlleistung von $51\,200 \cdot (15,4 - 7,8) = 389\,120$ kcal/h benötigt wird. Die notwendige Nachwärmung erfordert $389\,120 - 312\,320 = 76\,800$ kcal/h. Hieraus sind die betriebswirtschaftlichen Vorteile der Flächenkühlung leicht ersichtlich, da sie 40960 kcal/h an Kühlleistung und gleich viel an Nacherhitzung spart. (Allerdings darf nicht vergessen werden, daß der Luftwäscher meist auch der Luftreinigung und der Winterbefeuchtung dient, was vielfach die wärmetechnischen Vorteile überwiegt.)

Wird hingegen je Person die Frischluftmenge auf 20 kg/h herabgesetzt (etwa 17 m³/h je Kopf, was dem, von der A.S.H.V.E. empfohlenen Mindestausmaß entspricht) und 31,2 kg/Kopf Umluft der Frischluft vor dem Wetterfertiger zugemischt, so wird die Mischluft

einen Gesamtwärmeinhalt von $\dfrac{20 \cdot 15,4 + 31,2 \cdot 12,2}{51,2} = 13,4$ kcal/kg

und einen Wasserdampfgehalt von $\dfrac{20 \cdot 12,5 + 31,2 \cdot 9,8}{51,2} = 10,8$ g/kg

aufweisen. Im Schnittpunkte dieser beiden Wertelinien in Abb. 14 kann die Trockenkugeltemperatur der Mischluft als 28,0° C, die relative Luftfeuchtigkeit von 45 v.H. und eine Feuchtkugeltemperatur von 19,7° C abgelesen werden.

Verbindet man in Abb. 14 den Punkt, welcher den Anfangszustand der Mischluft darstellt, mit dem vorermittelten gewünschten Endzustand von 18° C Trockenkugeltemperatur und 8,47 g/kg absoluter Feuchtigkeit durch eine Gerade und bringt diese zum Schnitt mit der Sättigungslinie, ergibt sich eine Bezugstemperatur von 6,5° C. Es wird deshalb eine Kühlmitteltemperatur von etwa 6° C ausreichen, um im Flächenkühler entsprechender Größe diesen gewünschten Endzustand ohne nachfolgende Nachwärmung zu sichern. Die notwendige Kühlleistung wird aber nur $51\,200 \cdot (13,4 - 9,3) = 209\,920$ kcal/h betragen, also etwa zwei Drittel der für Frischluftbetrieb notwendigen Kühlleistung sein. Die erforderliche Kühlmitteltemperatur ist allerdings sehr niedrig. Ähnlich liegen die Verhältnisse, wenn die Mischluft in einem Luftwäscher gekühlt wird, d. h. die notwendige Kühlleistung wird um den Unterschied $51\,200 (15,4 - 13,4) = 102\,400$ kcal/h kleiner sein als zuvor, die Nachwärme verbleibt aber unverändert.

Eine wesentliche Besserung des Kühlvorganges ergibt sich aber durch Zumischung der Umluft in die Frischluft hinter dem Wetterfertiger. Diese Ausführung ermöglicht eine wesentliche Verkleinerung der Kühlvorrichtung und ist auch wärmetechnisch von Interesse, wie leicht zu ersehen ist. Unter der praktisch zutreffenden Annahme, daß die

Umluft die von der Raumluft geforderten Bedingungen an sich völlig erfüllt und somit die Frischluft soweit behandelt werden muß, daß sie die notwendige Wärmeabfuhr und Lufttrocknung im Raume sichert, folgt, daß die zubereitete Frischluft $\dfrac{132500}{20000} = 6,6$ kcal/kg Gesamtwärme im Raume aufnehmen wird müssen, wovon $\dfrac{40000}{20000} = 2,0$ kcal/kg Verdampfungswärme für $\dfrac{68000}{20000} = 3,4$ g/kg Wasser sein wird, ohne die gewünschten Raumluftverhältnisse zu überschreiten.

Der Endzustand der Frischluft nach Kühlung wird deshalb gekennzeichnet sein durch einen Gesamtwärmeinhalt von $12,2 - 6,6 = 5,6$ kcal/kg und eine absolute Feuchtigkeit von $9,8 - 3,4 = 6,4$ g/kg. Dieser Zustand wird, wie aus dem J-X-Diagramm ersichtlich ist, auf der Sättigungslinie liegen und ist durch eine Trockenkugeltemperatur von $7,5^0$ C (und natürlich die gleiche Feuchtkugeltemperatur) gekennzeichnet. Dieser Endzustand der Luft ist praktisch in einem Luftwäscher und angenähert auch in einem reichlichen Flächenkühler erreichbar.

Werden nun der veredelten Luftmenge 31200 kg Umluft zugemischt, so wird der Wärmeinhalt der Mischluft sein $\dfrac{20000 \cdot 5,6 + 31200 \cdot 12,2}{51200}$ $= 9,6$ kcal/kg, während ihre absolute Feuchtigkeit betragen wird $\dfrac{20000 \cdot 6,4 + 31200 \cdot 9,8}{51200} = 8,49$ g/kg. Diese Zustandsbedingungen der Mischluft stimmen mit den vorermittelten, für die Zuluft erforderlichen Werten von $9,3$ kcal/kg und $8,47$ g/kg bzw. sehr gut überein, so daß Zuluft von gewünschter absoluter Feuchtigkeit und Gesamtwärmeinhalt durch Kühlung der Frischluft und hierauf folgende Zumischung von Umluft einwandfrei erzielt werden kann. Durch Änderung des Mischungsverhältnisses kann man verschiedenen Vorbedingungen gerecht werden.

Die Kühlleistung wird in diesem Falle bloß betragen $20000 \cdot (15,4 - 5,6) = 196000$ kcal/h und die Nachwärmeleistung entfällt vollständig. Aus diesem Rechenbeispiel ist die große Bedeutung der verschiedenen Bauformen der Umführung von Umluft (Abb. 76) einwandfrei erwiesen[1]).

Im Winter soll im Raume 18^0 C bei 35 v.H. relativer Feuchtigkeit, d. h. ein Gesamtwärmeinhalt von $7,2$ kcal/kg mit einer absoluten Feuchtigkeit von $4,7$ g/kg aufrechterhalten werden. Die Außenlufttemperatur betrage -10^0 C bei 70 v.H. relativer Feuchtigkeit mit einem Gesamt-

---

[1]) Es ist beachtenswert, daß diese Ausführung in ihren verschiedenen Formen in Amerika patentgeschützt ist. In letzter Zeit wurden aber die Inhaber der verschiedenen Patenthauptansprüche gerichtlich belangt und es ist ein Großteil der Rechte schließlich beiseite gesetzt worden.

wärmeinhalt von — 3,7 kcal/kg und 1,12 g/kg Wasserdampfgehalt. Weiters sollen unter diesen Bedingungen die Wärmeverluste des Raumes — unter Vernachlässigung der geringfügigen Beleuchtungswärme — 200000 kcal/h betragen.

Die Abgabe von fühlbarer Wärme beträgt bei 18° C, je Kopf 83 kcal/h bzw. 83000 kcal/h bei vollem Haus. Die Wasserdampfabgabe beträgt 34 g/h oder 34000 g/h Wasserdampf bzw. 21 kcal/h je Kopf gleich 21000 kcal/h für das Haus. Die notwendige Zufuhr an fühlbarer Wärme wird also sein 200000 — 83000 = 117000 kcal/h. Wird wieder 51,2 kg Zuluft je Kopf zugeführt, so wird sich die notwendige Zulufttemperatur errechnen aus Gl. (15) — zu $\dfrac{117000}{51200 \cdot 0,241} + 18 = 27,5°$ C. Die absolute Feuchtigkeit der Zuluft wird betragen müssen $4,7 - \dfrac{34000}{51200} = 4,04$ g/kg. Hieraus ergibt sich der notwendige Gesamtwärmeinhalt der Zuluft aus dem J-X-Diagramm zu 9,0 kcal/kg.

Die Wärmemenge, welche der Zuluft im Lufterhitzer zugeführt werden muß, beträgt somit 9,0 + 3,7 = 12,7 kcal/kg bzw. 51200 · 12,7 = 650240 kcal/h. Die zu verdunstende Wassermenge wird betragen 51200 (4,04 — 1,12) = 149000 g/h bzw. 149 kg/h.

Die Wärme- bzw. Wasserersparnisse durch Umluft- bzw. Mischluftbetrieb können für Winterbetrieb ebenso ermittelt werden, wie für den Sommerbetrieb vorausgeführt worden ist. Werden 20000 kg Frischluft und 31200 kg Umluft verwendet, so wird die notwendige Wärmemenge unter Annahme, daß die Zuluft wie vorerrechnet 9,0 kcal/kg und 4,04 g/kg an Wasserdampf enthalten muß, zu

$$20000 (9,0 + 3,7) + 31200 (9,0 — 7,2) = 310160 \text{ kcal/h,}$$

während die notwendige Wassermenge betragen wird:

$$20000 (4,04 — 1,12) + 31200 (4,04 — 4,7) = 37900 \text{ g/h oder 37,9 kg/h.}$$

Die Verdampfungswärme des Wassers kann entweder dem Waschwasser selbst oder aber der Zuluft vor Eintritt in den Luftwäscher zugeführt werden.

Die Kühlung und Trocknung der Luft könnte u. U. derart vorgenommen werden, daß ihr vorerst Wasser bei konstantem Wärmeinhalt entzogen wird und hierauf mittels Kühlflächen (seltener Luftwäscher) der eigentliche Kühlvorgang eingeleitet wird. Der Wasserentzug geschieht durch hygroskopische Körper bzw. · Flüssigkeiten. Wird der Außenluft in vorangehendem Beispiele chemisch 2,75 g/kg Wasser entzogen, so wird, falls weder Wärme zu- noch abgeführt wird, dieser Vorgang entlang der Linie konstanten Wärmeinhaltes erfolgen (Abb. 18) und die Luft so auf 38,6° C erhitzt und auf 9,75 g/kg getrocknet.

Ist Kühlwasser von 10° C vorhanden und wird die getrocknete Luft durch einen damit gespeisten Flächenkühler geleitet, so wird der Vorgang angenähert durch eine Gerade von dem Punkte, welcher den Zustand der getrockneten Luft im J-X-Diagramm darstellt, zu 11° Temperatur auf der Sättigungslinie dargestellt werden können. Diese Gerade schneidet die Temperaturlinie von 18° C etwa im Punkte, welcher der geforderten Zuluft entspricht, d. h. bei

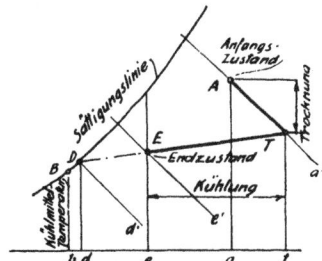

Abb. 18. (Chemische) Trocknung und Nachkühlung.

9,3 kcal/kg Wärmeinhalt und 8,47 g/kg absoluter Feuchtigkeit. Dieser Vorgang macht also die Nachwärmung der Luft überflüssig.

Diese Überschlagsrechnung zeigt auch, daß man hier mit höheren Kühlmitteltemperaturen auskommen wird als im vorangeführten Falle. Die anscheinende Kühlleistung ist ebenfalls sehr gering, beträgt nämlich nur 15,4 — 9,3 = 6,1 kcal/kg. Da sich aber das Trockenmittel allmählich mit Wasser sättigen wird, muß es dann regeneriert werden und wird hiezu mindestens 2,75 · 0,595 = 1,65 kcal je kg behandelter Luft aufgewandt.

Oberflächen- und Grundwasser wird voraussichtlich in Europa die größte Bedeutung als Kühlquelle annehmen. Man ersieht leicht, daß die Luftwaschung dann der Flächenkühlung vielfach in der Anschaffung überlegen sein wird, da der Wäscher auch die Reinigung besorgt, im Betriebe aber nachstehen wird, da das Wasser im Luftwäscher höchstens auf die Taupunkttemperatur der Fertigluft erwärmt werden kann, während es bei Gegenstromanordnung reichlicher Kühlflächen bis nahe der Trockenkugeltemperatur der Rohluft gebracht werden kann. Es kann z. B. 1 kg Wasser von 14° C im Rippenkühler an Luft von 27° C 10 bis 11 kcal abgeben. Soll aber die Fertigluft bei 19° C Trockenkugeltemperatur 80 v. H. rel. Feucht. aufweisen, so kann 1 kg Wasser im Luftwäscher höchstens 1,5 kcal entzogen werden, da der Taupunkt der eintretenden Luft etwa 15,5° C ist. Um die Betriebswirtschaft des Wäschers zu erhöhen, wird man entweder mehrere Wäscher von verschiedener Wassertemperatur hintereinanderschalten, oder man wird die Raumluftbedingungen entlang der Linie gleicher Behaglichkeit verändern — was meist belanglos ist — oder größere Zuluftmengen höherer Temperatur in den Raum einführen, mit entsprechend höheren Anlage- und Betriebskosten der Gesamtanlage, falls man nicht zur Kühlung des Waschwassers greifen will.

Manchmal ist es möglich, durch entsprechende Verknüpfung von Luftwäscher und Flächenkühler als Vor- und Nachkühler einen wirtschaftlicheren Betrieb zu sichern. Das Verhältnis dieser Bauelemente, ihre Anordnung usf., muß fallweise vorsichtig erwogen werden.

II. Ausführung der Anlagen.

1. Bauelemente der Luftveredlungsanlagen.

a) Allgemeines.

Im allgemeinen kann vorausgesandt werden, daß die Ausführungsformen der Bauelemente wie Lüfter, Filter, Luftwäscher u. ä. m. nur in Einzelheiten in den verschiedenen geographisch getrennten Gebieten voneinander abweichen. Allerdings bestehen gewisse Unterschiede in den Anwendungsmethoden, Berechnungsgrundlagen usf., und im nachfolgenden werden die amerikanischen Anschauungen, sofern sie auf Luftveredlung Bezug haben, zusammengefaßt.

Die unumgänglich notwendigen Bauelemente der Luftveredlungsanlagen sind die Lüfter oder Bläser, Luftreiniger, Wärmeaustauschkörper, Feuchtigkeitsaustauscher, Luftkanäle, Aus- und Einlaßgitter, Kühlmaschinen u. a. m. Hiezu gesellen sich noch die Sicherheits- und Regelvorrichtungen, welche entweder handgesteuert oder aber selbsttätig sein können.

b) Lüfter.

In der Luftveredlungstechnik kommen die Schrauben- und Propeller- und die Fliehkraftlüfter zur Verwendung. Die Schrauben- und Propellerlüfter wurden vorwiegend in Einzellufterhitzern, Luftbefeuchtern und kleinen Wetterfertigern angewandt, sie weichen aber auch hier sehr rasch den Fliehkraftlüftern. Ihre Vorteile sind die niedrigen Anschaffungskosten und ihr einfacher Einbau. Nachteilig ist ihr verhältnismäßig sehr niedriger mechanischer Wirkungsgrad, die steil ansteigende und abfallende Wirkungsgradkurve bei konstanter Umdrehungszahl (Abb. 19) und verschiedenen »relativen Öffnungen«[1]), die hohe Umfangsgeschwindigkeit der Flügel, welche leicht zu Geräuschen im Betriebe Anlaß gibt und der

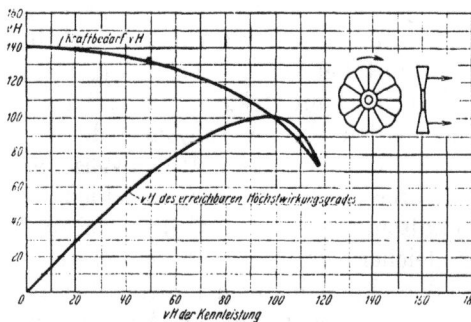

Abb. 19. Charakteristik des Schraubenlüfters.

---

[1]) Siehe Rietschel-Groebers »Leitfaden«, Dietzs »Lehrbuch« u. a. m.

große Durchmesser des Lüfters, sofern große Leistungen verlangt werden. Die neueren Propellerlüfter (Abb. 19a) sind unter Anlehnung an den Flugzeugbau entworfen worden und sichern bessere Arbeitsverhältnisse und Wirkungsgrade.

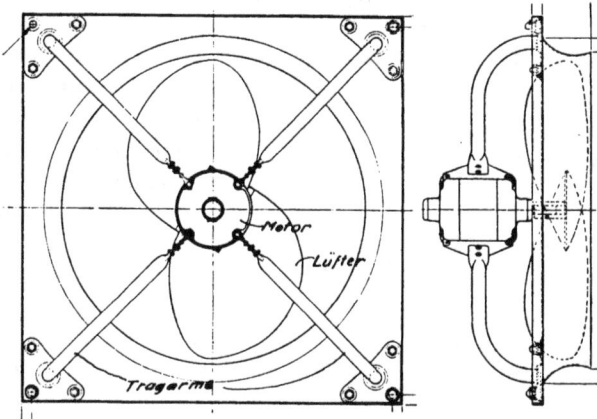

Abb. 19 a. Propellerlüfter.

Die Fliehkraftlüfter werden ausgeführt mit geraden, vorwärts oder rückwärts gekrümmten Laufradschaufeln. In der Lüftungstechnik kommen bloß die beiden letztgenannten Bauformen vor. Die Laufräder mit rückwärts gekrümmten Laufradschaufeln — manchmal werden bloß die Austrittsspitzen nach rückwärts gebogen — kommen immer mehr zu Ansehen, trotzdem sie bei gleicher Leistung entweder größere Maschinenabmessungen ergeben, oder höhere Umdrehungszahlen verlangen als Laufräder mit vorwärts gekrümmten Schaufeln. Sie haben aber, falls richtig ausgeführt, den Vorteil, daß bei konstanter Drehzahl, ohne Rücksicht auf die Fördermenge oder den statischen Druck (Abb. 20), die Antriebsleistung einen bestimmten Höchstwert nicht überschreitet. Außerdem weisen sie eine verhältnismäßig flache Wirkungsgradcharakteristik auf, so daß sie in weiten Grenzen einen wirtschaftlichen Betrieb sichern, wie ein Vergleich von Abb. 20 und Abb. 21 zeigt.

Diese beiden letztgenannten Eigenschaften sind sehr wünschenswert, da die Luftveredlungsanlagen mit konstanter Drehzahl unter andauernd veränderlichen, durch die selbsttätige Regelung bedingten Betriebsverhältnissen arbeiten, die außerdem durch die verschiedensten Umstände, wie offene oder geschlossene Fenster und Türen, Windstärke und Richtung, Außentemperaturen u. a. m. wesentlich beeinflußt werden. Die hiedurch bedingten veränderlichen Antriebsleistungen und Wirkungsgrade bedingen bei der Wahl von Lüftern mit vorwärts gekrümmten Laufradschaufeln oft die Notwendigkeit größerer Antriebsmaschinen, um ein allfälliges Überlasten derselben zu vermeiden, um so mehr, als Luftveredlungsanlagen vielfach von technisch ungeschulten Personen bedient werden, die leicht in Schwierigkeiten geraten könnten, selbst wenn vom Einfluß auf die Leistung der Anlage abgesehen wird. Einzelne führende Lüfterwerke haben deshalb in letzter Zeit den Bau von Laufrädern mit vorwärts gekrümmten Schaufeln für Lüftungszwecke aufgegeben.

Den Lüftern mit rückwärts gebogenen Laufradschaufeln wird besonders in Großanlagen, wo mehrere Maschinen aus einer gemeinsamen Luftkammer saugen, noch der Vorteil besserer Eignung zugesprochen, da ihre Charakteristik eine Überlastung der Antriebsmaschinen ausschließt. In solchen Anlagen konnte es u. U. bei überlastbaren Maschinen vorkommen, daß sich die einzelnen Lüfter gegenseitig derart beeinflußten, daß Überlastung einer und bedeutende Herabsetzung der Leistung einer anderen Einheit, mit allfälligem Versagen gewisser Teile der Anlage und vielleicht Beschädigen von Antriebmaschinen eintrat. (Solche Fälle sind Verfasser allerdings nur vom Hörensagen bekannt und dürfte es sich außer der Lüftercharakteristik, auch um eine mangelhaft entworfene Anlage handeln.) Die Charakteristik der rückwärts gebogenen Laufradschaufeln schließt solche Unannehmlichkeiten aus.

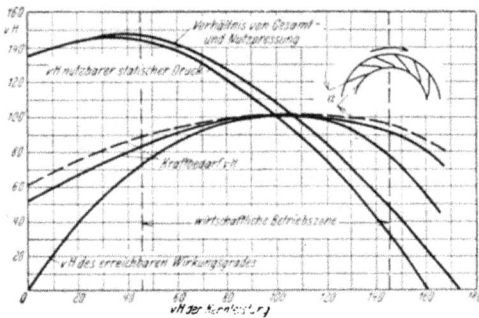

Abb. 20. Charakteristik eines Lüfters mit rückwärts gebogenen Laufradschaufeln.

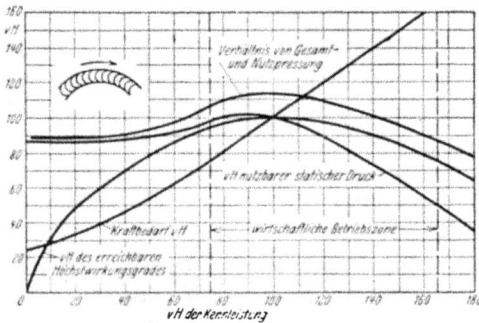

Abb. 21. Charakteristik eines Lüfters mit vorwärts gekrümmten Laufradschaufeln.

Die verhältnismäßig hohen Umfangsgeschwindigkeiten der rückwärts gekrümmten Laufradschaufeln machen eine obere Begrenzung derselben zwecks Geräuschvermeidung notwendig. Die Umfangsgeschwindigkeit der Laufräder sollte für Kirchen, Schauspielhäuser, Musikhallen u. ä. m. 20 bis 24 m/s nicht überschreiten, aber auch für Kaufhäuser, Banken, Gastwirtschaften u. ä. m. nicht mehr als 30 m/s sein, soferne man sich vor unangenehmen Geräuschbildungen schützen will. Diese Höchstgeschwindigkeiten müssen herabgesetzt werden, falls der Lüfter in oder nahe des zu versorgenden Raumes angeordnet wird und werden dann unter 20 m/s liegen.

Zum Vergleiche von Leistung, Antriebskraft, Luftmenge und Druck eines Lüfters unter verschiedenen Bedingungen gelten die nachfolgenden empirischen Beziehungen

$$V = c_1 \cdot A \cdot n \qquad\qquad (20)$$

$$H = c_2 \cdot A \cdot n^2 \qquad\qquad (21)$$

$$N = c_3 \cdot A \cdot n^3 \qquad\qquad (22)$$

worin V die Luftmenge, H den Gesamtdruck, N die Antriebsleistung, n die Umdrehungszahl, c_1, c_2 und c_3 Beiwerte des Lüfters und A einen Beziehungswert bedeutet, der dem Kanalsystem zu eigen ist und gleichwertiger Düsenquerschnitt genannt wird. (Näheres kann den verschiedenen Lehrbüchern entnommen werden.) Aus diesen Beziehungen lassen sich weitere Gleichungen ableiten, welche das Verhalten eines Lüfters bei verschiedenen Vorbedingungen ermitteln lassen.

In Kleinanlagen erfreuen sich in letzter Zeit, außer den einfachen auch die Zwillingslaufräder besonderer Beliebtheit, da sie sich wegen ihrer breiten Bauart bei kleinem Durchmesser den Raumverhältnissen in solchen Maschinen hervorragend anpassen. Überdies werden oft zwei und mehr solche Zwillingsräder auf einer gemeinsamen Welle angeordnet (Abb. 22). Als besonderer Vorteil gilt hier, daß man mit wenigen, gut durchkonstruier-

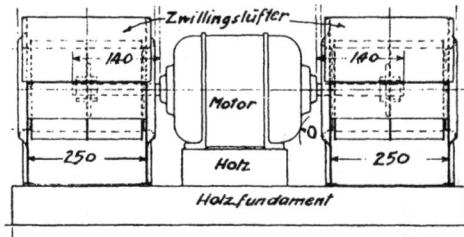

Abb. 22. Doppelzwillingslüfter.

ten und in Massen hergestellten Laufrädern die verschiedensten Leistungsgrößen von Lüftern herstellen kann und so eine weitgehende Normalisierung und Verbilligung der Maschinen ermöglicht. Der geringe Durchmesser der Lüfter läßt einen leichten Einbau auch in beschränktem Raume zu.

c) Der Antrieb von Lüftern, Pumpen u. a. m.

Der Antrieb von Lüftern, Pumpen, Kühlmaschinen, Regelvorrichtungen usf. in der Klimatechnik geschieht fast durchwegs mittels Elektromotoren. Der unmittelbare Antrieb durch Motoren, die mit der Maschine auf gemeinsamer Welle angeordnet sind oder aber mit dieser elastisch gekuppelt sind, beschränkt sich heute auf die allfälligen, schnellaufenden Pumpen, Verdichter und kleine Lüfter. Größere Maschinen würden in den meisten Fällen für unmittelbaren Antrieb sehr langsam laufende, große und kostspielige Motoren verlangen. Da sie sich dann außerdem auf die technisch möglichen Drehzahlen der Motoren beschränken müßten, was oft eine Verteuerung der getriebenen Maschinen bewirken würde, greift man heute fast durchwegs zum Riemenantrieb, der sich den billigeren marktgängigen Bauformen der Motore und Maschinen anpaßt.

Der Riemenantrieb hat allerdings gewisse Nachteile; die Motor- und Maschinenlager müssen stärker und besser gebaut werden und muß man hier gelegentlich wegen seitlichen Zuges zu Gleitlagern gegenüber den allgemein eindringenden Kugel- und Rollenlagern greifen. Weiters sind die Riemenverbindungen, soferne die Riemen nicht sorgfältig genäht oder geleimt werden, eine Quelle von Geräuschen. Überdies sind Riementriebe bei beschränkten Raumverhältnissen durch ihre großen Wellenabstände sehr nachteilig.

In letzter Zeit haben hier die Gummi- oder Balata-Keilriemen ein großes Ansehen gewonnen, da sie sehr kurze Achsenabstände zulassen, nahezu geräuschlos laufen und geringe Schlupfverluste aufweisen. Außerdem begünstigen sie eine weitgehende Normalisierung der Herstellung, als die geringen Querschnitte der Einzelriemen eine Anordnung von mehreren Riemen nebeneinander zulassen, die dann nur für die entsprechende Teillast berechnet werden.

Eine große Bedeutung hat für den geräuschlosen Antrieb allerdings die Herabsetzung des Motorgeräusches, das einerseits magnetisch (Funken des Motors), andererseits, besonders bei Schleifringmotoren, mechanisch ist. Man wird also möglichst von der Verwendung der Schleifringmotoren absehen, soferne die Regelung der Maschinendrehzahl unterbleiben kann. Andererseits wird man besondere, geräuschlose Motoren verwenden. (Die Herabsetzung der Motorgeräusche wird durch größere Luftspalte zwischen Stator und Rotor, größere Luftkanäle usf. ermöglicht, bedingt also größere und mithin kostspieligere Motorrahmen, geringeren Wirkungsgrad usf.)

In letzter Zeit kommt die Flüssigkeitskupplung zwecks Regelung der Drehzahl von Lüftungsmaschinen zum Ansehen, wegen Abhandenseins von, mit Schleifringmotoren schwer vermeidlichen Geräuschen.

Die größte Bedeutung nimmt hier aber richtige Schalldämpfung und sorgfältige Wahl von Kanalabmessungen, Maschinen usf. ein.

d) Kanalausführung.

Mit Ausnahme von Sonderaufgaben wie Frischluftschächte, Hauptsteigkanäle von Lüftungsanlagen, oder unterirdischen Kanälen werden die Verteilungs- und Sammelkanäle von Luftveredlungsanlagen in Amerika durchwegs aus verzinktem Eisenblech hergestellt. Ihre Hauptvorteile sind geringe Rohrreibung, Übersichtlichkeit bei der Herstellung und im Betriebe, Anpassung an bauliche Sonderheiten, große Widerstandsfähigkeit gegen Beschädigung im Vergleich zur Raumbeanspruchung und dem Gewichte der Kanalwandungen u. ä. m.

Außer in gewerblichen Betrieben oder dort, wo genügend Raum verfügbar ist, um die billigeren, runden Rohrquerschnitte zu beherbergen, kommen rechteckige, dem verfügbaren Raume angepaßte Kanalquerschnitte zur Verwendung.

Die gebräuchlichen Verbindungen der einzelnen Blechstöße (Abb. 23, 24) machen meist eine besondere Versteifung der Kanalwandungen überflüssig. In Abb. 25 ist eine Abwicklung eines Kanales mittlerer Größe

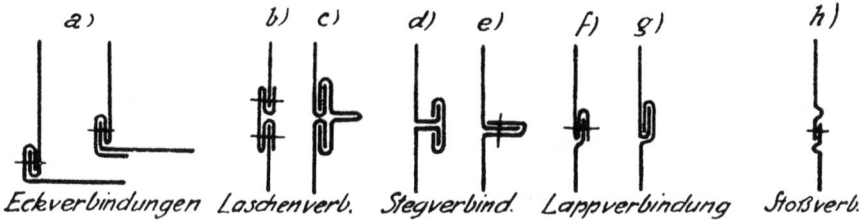

Abb. 23. Blechkanal-Verbindungen.

gebracht. Es ist gebräuchlich, die Seiten 2,5 bis 3 m lang aus einem Stück zu schneiden und die etwa 1 m langen Decken- und Bodenschüsse derart in die Verbindungsschlösser (Abb. 23a) einzuschieben, daß jeweils jeder Seitenstoß zwischen zwei Decken- bzw. Bodenstöße zu liegen kommt. Außerdem werden zwecks Versteifung alle Schüsse von mehr als 40 cm Breite diagonal angeknickt.

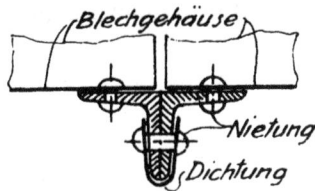

Abb. 24. Blechkanal-Dichtung.

Die Stegverbindungsschlösser nach Abb. 23 d und e kommen bei mittleren und großen Kanälen zur Anwendung. (In Anlagen, wo eine Wärmeabdämmung notwendig erscheint, werden die Dämmplatten vorteilhaft in die Stege eingeschoben und festgeklemmt. Die Flanschen der Stege können dann durch Verputzen oder oft bloß durch Farbanstrich genügend isoliert werden.)

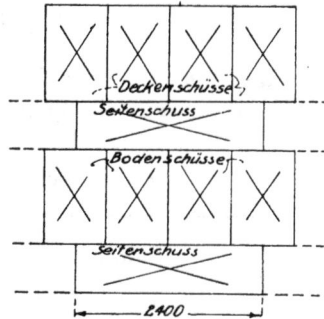

Abb. 25. Blechkanal-Abwickelung.

Für Kleinanlagen, besonders für Rohre runden Querschnittes kommen Stoßverbindungen nach 23h zur Anwendung. Für andere Zwecke wird dann, je nach verfügbarem Raum, zur Lappung nach Abb. 23f und 23g gegriffen, während große Gehäuse, Hauptkanäle usf. nach Abb. 24 versteift werden, wenn auch häufig die Stegverbindungen auch für große Schüsse ausreichen.

Eine große Beachtung wird allgemein der Ausführung von Abzweigen gewidmet. Für Zuluftnetze ist man bestrebt, die Unterteilung

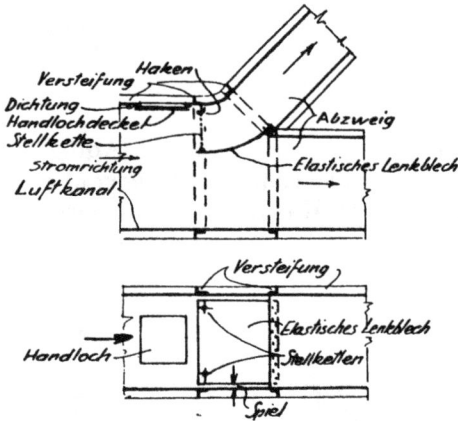

Abb. 26. Verstellbarer Abzweig.

des Kanales möglichst verlustlos zu gestalten (Abb. 27a), und bewirkt die Umsetzung von Geschwindigkeits- in Druckhöhe, je nach Bedarf in den Abzweigen. Eine praktische Form mit zusätzlicher Verstellbarkeit ist in Abb. 26 gebracht. Abluftkanäle werden vorteilhaft nach Abb. 27c oder vereinfacht nach 27b ausgeführt.

Die Berechnung der Kanalnetze erfolgt vorwiegend unter Verwendung von Faustformeln. Es ist gebräuchlich, die Luftgeschwindigkeit in Filtern, Wäschern, Heizkammern niedrig zu halten und die Hauptkanäle mit verhältnismäßig hoher Luftgeschwindigkeit zu ermitteln und diese mit zunehmender Ent-

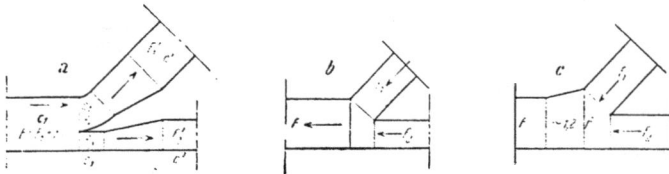

Abb. 27. Bauformen von Abzweigen.

fernung von der Maschinenanlage herabzusetzen. Zahlentafel 6 enthält eine Zusammenstellung gebräuchlicher Rechnungswerte.

Zahlentafel 6. Empfohlene Luftgeschwindigkeiten.

Meßstelle	Abluftgeschw. m/s		Zuluftgeschw. m/s	
	Öffentliche Gebäude	Gewerbliche Betriebe	Öffentliche Gebäude	Gewerbliche Betriebe
Laufradaustritt	13—15	18—19	10—12	10—15
Bläseraustrittstutzen	8—10	10—12	6—8	8—10
Lufterhitzer	—	—	4—5	6—8
(Horizontale) Hauptkanäle	6—7	8—12	3—5	6—8
(Vertikale) Abzweige	3—4	4—10	2—4	5—8
Gitter und Auslässe	1—2,5	4—8	1—2	3—6
Luftentnahmeschacht	3,5—7,0	5—10	4—5	5—6
Luftfilter, Wäscher	—	—	2,5	2,5
Hauptjalousien (fest und stellbar)	3—3,5	5—6	2,5—3	5—6

Anmerkung: Die unteren, für öffentliche Gebäude empfohlenen Werte werden für Schulen, Vortragssäle usf., die oberen für Hotels, Büros usf. empfohlen. Sie sind in letzter Zeit gelegentlich überschritten worden.

e) Luftfilter.

Trotzdem die Luftwaschung in Amerika durch die Einführung und rasche Ausbreitung von verschiedenen Bauformen von Streudüsen- und von Streifflächen-Luftwäschern eine hervorragende Stellung in der Luftreinigung einnimmt, finden auch Luftfilter verschiedenster Bauformen eine große Verwendung, oft sogar in Verbindung mit Luftwäschern.

Als Nachteil der Filter gilt, daß sie gewisse Erhaltungskosten verursachen, dadurch daß sie zeitweilig entstaubt werden müssen, während viele Luftwäscher den herausgeschwemmten Staub und die Verunreinigungen dauernd versielen und in anderen lediglich gelegentlich der Sielverschluß geöffnet werden muß und die Anlage selbsttätig gründlich durchgespült wird.

Die gebräuchlichen Bauarten sind durchwegs ähnlich den in Deutschland eingeführten. Von den Gewebe- und Stoffiltern kommen die Rahmen-, Taschen- (Abb. 28), Röhren- und andere, von den Metallfiltern[1]) die verschiedenen öl-benetzten Raschigringgut-, Platten- und ähnliche Zellenfilter zur Verwendung. Hiezu gesellen sich in letzter Zeit Filter, welche auswechselbare Glasseide-, Zellstoff- und Wattezellen (Polster) verwenden, welche genügend billig sind, um nach Sättigung mit Staub einfach fortgeworfen und durch neue ersetzt zu werden. (Einzelne Glasseide-Bauformen sind waschbar.)

Außer diesen feststehenden Ausführungen werden die ölbenetzten Filter — vorwiegend Metallgutfilter — in den selbsttätigen oder selbstreinigenden Umlaufformen (Abb. 29), besonders in Großanlagen verwendet. Ihr Vorteil ist, daß hier nur zeitweilig der im Ölbehälter zu Boden fallende Schlamm versielt und frisches Filteröl nachgefüllt werden muß, während in den feststehenden Zellenfiltern die einzelnen

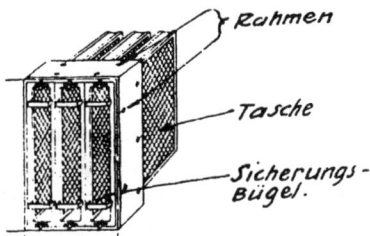

Abb. 28. Taschenfilter-Element.

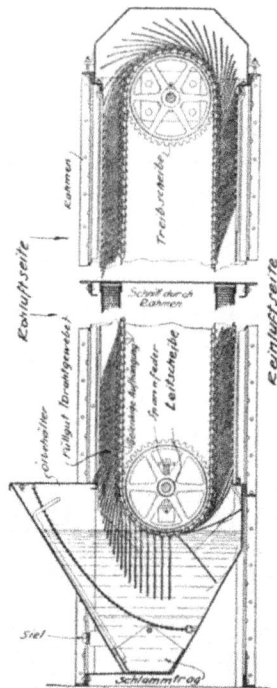

Abb. 29. Umlauffilter.

------

[1]) Mehrere Bauformen in Lizenz nach Patentausführung der Deutschen Luftfiltergesellschaft A.-G.

Zellen regelmäßig von Hand, seltener mittels besonderer Vorrichtungen gewaschen und geölt werden müssen. Ein großer Nachteil der Umlauffilter ist, daß die selbsttätige Reinigung meist nicht ausreicht, feine Fasern beim Durchgang des Filtergutes durch das Ölbad loszulösen, so daß u. U. nach einiger Zeit die Filterfläche mit einer feinen Schichte von hohem Durchgangswiderstande bedeckt wird und die Leistung der Anlage hiedurch leidet[1]). Handgereinigte Filter oder Filtermatten, die bei Sättigung mit Staub einfach weggeworfen werden, haben deshalb den Vorteil, daß sie einer dauernden Aufsicht bedürfen und so in besserem Zustande gehalten werden.

Die vorerwähnten Filterbauformen, welche eine gewisse regelmäßige Bedienung und auch regelmäßige Anschaffungen von Filtergut oder von Filteröl benötigen, eignen sich allerdings nur für größere Anlagen mit entsprechender Bedienungsmannschaft. Ihre Anwendung in Kleinanlagen, die besonders für das Wohn- und Familienhaus bestimmt sind, sollte unterbleiben, da die Bedienung oft vergessen, Neuanschaffung von notwendigen Ersatzmaterialien unterbleibt und mithin der Filter allmählich nicht nur wirkungslos wird, sondern auch die Leistung der Gesamtanlage wesentlich herabsetzt oder gänzlich unterbindet. Solche Anlagen sollten einfache, selbstreinigende Luftwäscher oder vorteilhafter wasserbenetzte Metallgutfilter erhalten mit genügend Wasserzufuhr, um eine Reinhaltung des Filters mit Sicherheit zu ermöglichen.

Zum Voranschlage von Filterbelastungen für Orte, wo verläßliche Meßergebnisse der Luftstaubmengen nicht vorhanden sind, kann man die Werte der Zahlentafel 7 verwenden. Diese Staubmengen sind in keiner Weise gesundheitsschädlich und sind Jahresmittelwerte weitgehender Messungen. In Gewerbebetrieben anfallende Staubmengen müssen jeweils besonders ermittelt werden.

Zahlentafel 7.   Staubanfall in g je 1000 m³ angesaugter Außenluft.

Ländliche und Wohnvorstadtbezirke . 0,4 bis 0,8

Großstädte . . . . 0,8 » 1,6

Industriestädte . . . . 1,6 » 3,0

---

[1]) Nach Verfassers Versuchen kommt dies besonders in Anlagen vor, wo viel Umluft aus stark besetzten Räumen, Geschäften, Schulen usf. durch das Filter geht, besonders wenn die Umluft in Fußbodennähe aus den Räumen gesaugt wird. Verfasser hat auch mehrfach die Erfahrung gemacht, daß sogar das beste erhältliche Filteröl bei den üblichen Luftgeschwindigkeiten in geringen Mengen in den Luftstrom gelangt und in den folgenden Bauelementen und Kanälen oder im gelüfteten Raume ausgeschieden wird und verschiedene Unannehmlichkeiten bedingt.

Gute Luftfilter halten bei größeren Staubmengen 90 bis sogar 98 v. H. der in der Rohluft enthaltenen Staubmengen zurück. (Dieser Filterwirkungsgrad muß auf bestimmte, genormte Vorbedingungen bezogen werden.)

f) Wärmeaustauschkörper.

Außer für Wohnhauswetterfertiger, wo meist verschiedene Bauformen von unmittelbar beheizten Luftheizöfen zur Anwendung kommen, verwendet man zur Erhitzung bzw. Kühlung von Luft durchwegs dampf- oder warmwassergeheizte bzw. wasser-, sole- oder gasgekühlte Wärmeaustauschkörper. Die verschiedenen Bauformen dieser Wärmeaustauschkörper sind in letzter Zeit auf zwei zusammengeschmolzen, nämlich gußeiserne, zwecks Oberflächenvergrößerung mit rhombischen Warzen bedeckte Gliederheizkörper (Abb. 30) und schmiedeiserne (für Luftkühlung verkupferte oder kadmierte) oder besser kupferne Rippenheizkästen (Abb. 31). In allerletzter Zeit weichen aber auch die Gliederheizkörper wegen geringer Oberfläche und großen Gewichtes den Rippenheizkörpern, welche sich einfach in leichte, den Raumverhältnissen gut angepaßte Wärmeaustauschkörper gewünschter Oberfläche, Leistung, freien Querschnittes usf. zusammenbauen lassen. Die früher

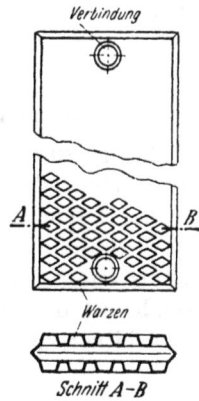

Abb. 30. Gußeiserner
Glieder-Lufterhitzer.

vielfach beliebten Röhrenluftheizkessel, Rohrheizkästen, Rippenrohrregister u. a. m. sind fast völlig vom (amerikanischen) Markte verschwunden, da sie weniger anpassungsfähig sind und vielfach für jeden Einzelfall besonders hergestellt werden müssen.

In der Kühltechnik hat sich allerdings die glatte Rohrfläche — man verwendet durchwegs $1\frac{1}{4}$ zölliges Rohr — und gelegentlich das Rippenrohr noch behauptet und dringt so in Ausnahmefällen in die Luftveredlungstechnik. Im allgemeinen hat aber das Streben nach normalisierten, einfach gehandhabten Hochleistungsbauelementen andere Rücksichten in den Hintergrund gestellt.

Die Berechnung von Flächen- bzw. Größenausmaßen von Wärmeaustauschkörpern stützt sich auf empirische,

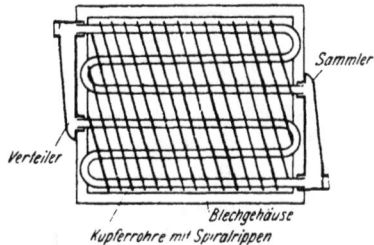

Abb. 31. Rippenrohrheizkasten.

vom Erzeuger garantierte Versuchsergebnisse. Diese Leistungsangaben müssen auf die verschiedensten Einzelheiten des Betriebes Rücksicht nehmen, und es hängt die Heiz- bzw. Kühlleistung vom mittleren (logarithmischen Mittel) Temperaturunterschiede zwischen wärmeabgebendem und wärmeaufnehmendem Mittel, den Strömungsgeschwindigkeiten beider Mittel, der Durchwirbelung der Mittel[1]) u. a. m. ab; außerdem hat bei Kühlung die Kondensation von Luftfeuchtigkeit an den Kühlflächen eine große Bedeutung und erhöht die Kühlleistung ganz erheblich.

Hier wäre auch zu bemerken, daß in Lufterhitzern mit geraden Rohren gelegentlich die Rippen horizontal, d. h. die Rohre vertikal eingebaut werden, in Luftkühlern aber zwecks leichten Ablaufens der sich niederschlagenden Feuchtigkeit auf vertikale Anordnung der Rippen geachtet werden muß.

g) Luftbefeuchter.

Die Luftbefeuchtung hat ihre größte Bedeutung in der Winterluftveredlung, soferne von der ganzjährigen Luftbefeuchtung in gewissen Gewerbebetrieben abgesehen wird. Ursprünglich bediente man sich zwecks Befeuchtung in Lüftungsanlagen aller Art und Größe von im Sammelkanale zweckmäßig angeordneten Wasserpfannen[2]), deren Inhalt mittels eingebauter Heizschlangen erwärmt wurde. Diese Ausführung, jedoch mit der Wasserschale im Warmluftkanale oder unmittelbar am Lufterhitzer angeordnet, verwendet man noch vielfach in Kleinanlagen.

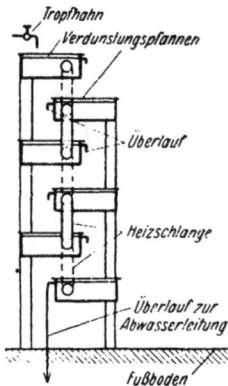

Abb. 32. Raumluftbefeuchter.

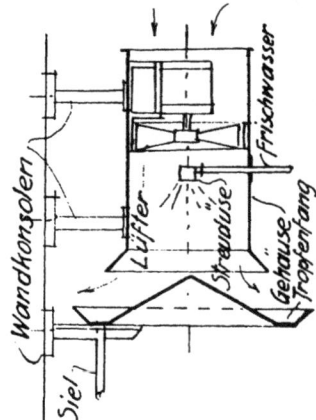

Abb. 33. Streudüsenluftbefeuchter.

Die Heizkörperwasserpfanne entwickelte sich im letzten Jahrzehnt zu verschiedenen Befeuchtern, von denen eine Grundform in Abb. 32 dargestellt ist. Dieser Luftbefeuchter ist mit Wasserzufuhr, Überlauf, Heizschlangen und beträchtlicher Verdunstungsoberfläche ausgestattet

---

[1]) In Kühlflächen und auch Warmwasserheizflächen leisten in die Körper eingebaute, schraubenförmige Leitflächen gute Dienste, auch werden die Rohrelemente zickzackförmig hintereinander angeordnet.

[2]) Ohmes, A. K.: »Heizungs-, Lüftungs- und Dampfkraftanlagen in den V.S.A.« München, [1912]; R. Oldenbourg.

und hat sich in größeren, nicht unterteilten Räumen, wo die natürliche Luftströmung eine dauernde Mischung der Luft ermöglicht, bewährt, also in Vortrags-, Arbeits- und Geschäftshallen u. a. m. Es sind auch Versuche gemacht worden, sie in Schul-, Büro-, Kranken- und besonders in kleineren Wohngebäuden einzuführen, wo sie dann mit Vorliebe in den Gängen bzw. der Vorhalle aufgestellt worden sind. Dies ist ein grober Mißgriff, da die Essenwirkung der Stiegenhäuser die Befeuchter vielfach zwecklos gestaltet. Außerdem ist es widersinnig, zu erwarten, daß die befeuchtete Luft aus dem Gange in die Aufenthaltsräume treten wird, ist sogar meist unerwünscht[1]).

Eine gewisse, wenn auch nur beschränkte Ausbreitung fanden, besonders in kleineren Gewerbebetrieben, kleine, elektrisch betriebene Schleuderradluftbefeuchter — ähnlich der Bauart Prött u. a. m. —, die für größere Leistungen zwecks positiver Luftumwälzung mit einem Lüfter gekuppelt werden, oder aber kleinen Streudüsenluftbefeuchtern nach Abb. 33 weichen. Gelegentlich findet man auch solche Luftbefeuchter ohne Lüfter, wo das Gehäuse der Vorrichtung düsenartig geformt ist und die Luft durch die Saugwirkung des aus der Düse tretenden Wasserstrahles umgewälzt wird. Diese Ausführung ist besonders dort am Platze, wo ungenügender Leitungsdruck zum Einbau einer Pumpe in die Vorrichtung zwingt, die dann entsprechend größer gewählt wird, um größere Wassermengen durch die Düsen zu drücken, während das Überschußwasser wieder verwendet wird.

Die größte Bedeutung zwecks Luftbefeuchtung haben aber die Luftwäscher, gleichgültig, ob es sich um Klein- oder Großanlagen handelt.

h) Luftwäscher.

Die Luftwäscher erfreuten sich in Amerika seit langer Zeit in der Lüftungstechnik einer großen Beliebtheit. Die Gründe hiefür sind, daß der Luftwäscher nicht nur der Reinigung der durchstreichenden Luft, sondern gleichzeitig der Luftbefeuchtung im Winter und der Lufttrocknung und der Luftkühlung im Sommer dienen kann. Überdies sind die Betriebs- und Erhaltungskosten einer Luftwäscheranlage sehr gering, und der Strömungswiderstand von üblichen Bauformen ist einerseits niedrig und auch konstant (während er bei Filtern von der Bedienung abhängt).

Amerikanische Luftwäscher sind in sich geschlossene, von Bau- und Konstruktionsteilen unabhängige Maschinen, die an geeigneter Stelle

---

[1]) Eigene Untersuchungen mit Hochleistungs-Wasserschalen (ähnlich Abb. 32) haben gezeigt, daß in einem großen Raume, dessen Decke durch Unterzüge in mehrere Felder unterteilt war, in Deckennähe des der Wasserpfanne nächstgelegenen Feldes die Luftfeuchtigkeit derartig ansteigen konnte, daß der Verputz merkbar litt, während die Luft in Raummitte in Atemhöhe noch unterhalb 40 v.H. rel. Feuchtigkeit aufwies.

in die Luftveredlungsanlage betriebsfertig eingefügt werden. Sie bestehen aus einem Blechgehäuse, durch welches die Luft geleitet wird und in dem die notwendigen Waschvorrichtungen, Verteilerbleche oder Gitter, Abstreifer usf. angeordnet sind und allen notwendigen Pumpen, Leitungen und Zubehör (Abb. 34). (Die Herstellung eines Luftwäschers nach Maßgabe des vorhandenen Raumes ist unbekannt.) Diese Maschinen sind allerdings sehr leistungsfähig und mit größter Ausnutzung von Raum und Material gebaut und weisen Abmessungen auf, die ihren Einbau — man kann in jedem Einzelfalle zwischen zwei oder drei Modellen wählen — auch in beschränktem Raume zulassen.

In ihrer einfachsten Ausführung als wasserbenetzte Schichtenfilter, wie Koks-, Kies- oder Spänefilter, haben sich die Luftwäscher nicht eingeführt; diese Bauform kommt in Ausnahmefällen als wasserbenetzter Glasseidefilter oder als Prallflächenfilter zur Verwendung. Der letztere ist dann ähnlich dem letzten Viertel des in Abb. 34 dargestellten Luftwäschers; er besteht aus einem mittels Streudüsen benetzten Paket mehrfach geknickter Bleche auf 25 bis 40 mm Teilung.

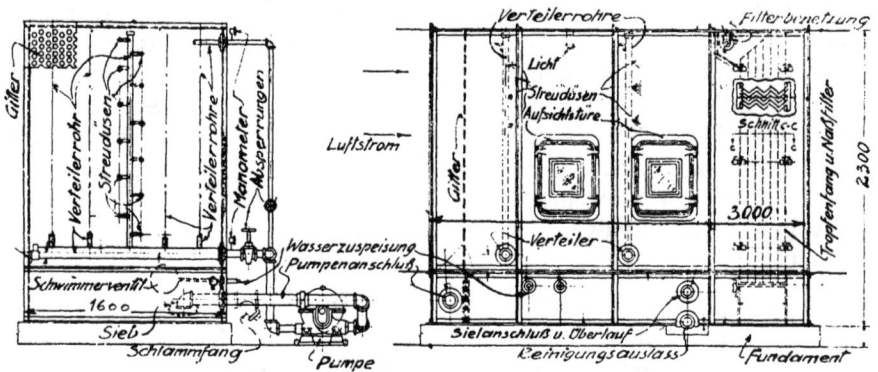

Abb. 34. Luftwäscher.

Im allgemeinen kommen Streudüsenluftwäscher zur Anwendung. Sie bestehen aus einer oder mehreren Lagen von Streudüsen, die je nach der Zweckbestimmung des Wäschers Wasser von entsprechender Temperatur in fein verteilter Form in den Luftstrom bringen. Ein Teil der Luftverunreinigungen schlägt sich nach Benetzung nieder, während der Rest im, oft ebenfalls benetzten Tropfenfang ausgeschieden wird. Der Tropfenfang ist ein unzertrennlicher Bestandteil jedes Luftwäschers. Sofern die Wasserzerstäubung in den Düsen nicht mittels Preßluft geschieht — eine Ausführung, die im Aussterben begriffen ist —, bedarf die Anlage Wasser von einem bestimmten Druck (1,5 bis 3,5 atü), der durch eine Umwälzpumpe geliefert wird, die das Überschußwasser und das allfällige Frischwasser nach Filterung im Schlammfang, wiederverwendet.

Außer einfachen Düsen, wo das Wasser aus einer kleinen Öffnung tritt und zerteilt wird, sind Düsen mit einer exzentrischen Zulauföffnung (Abb. 35) gebaut worden, die dem Wasser vor Austritt eine Wirbelbewegung erteilen und so die Zerstäubung (Wirbelstromdüse) begünstigen. Andere erhalten zu diesem Zwecke schraubenartige Führungsbleche (Abb. 36), oder der Strahl trifft auf eine entsprechend geformte Scheibe (Abb. 37). In jedem Falle muß auf Verstopfungsgefahr geachtet werden und es wird in die Düsen in der Regel ein Sieb eingebaut, soferne nicht andere Maßnahmen zwecks Reinhaltung angewandt werden, wie regelmäßiges Ausspülen u. ä. m.

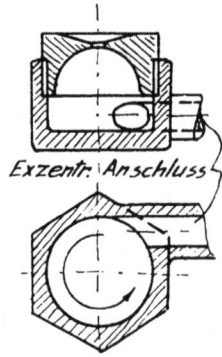

Abb. 35. Streudüse.

Luftwäscher eignen sich zur Ausscheidung aller für gewöhnlich in der Luft enthaltenen Verunreinigungen, außer feinem fetten Ruß, Flugaschen u. ä. m. Ihr Wirkungsgrad ist allerdings geringer, als der guter Filter und beträgt im Mittel 50 v.H. der ursprünglichen Staubmenge. In neuerer Zeit werden zwecks Luftreinigung deshalb Luftfilter vorgezogen oder miteingebaut.

In Anlagen, wo in der Luft enthaltene Verbrennungsgase, gewerbliche Ausscheidungen usf. schädlich wirken könnten, kann ihr Einfluß durch Zumischung von kleinen Mengen gewisser Laugen in das Wasch-

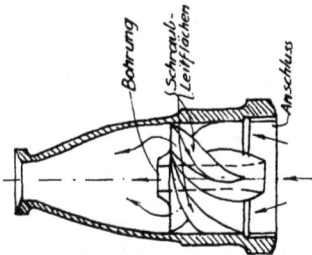

Abb. 36. Streudüse.

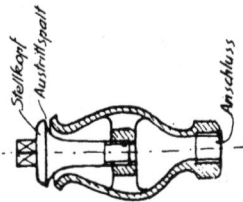

Abb. 37. Einstellbare Streudüse.

wasser des Luftwäschers neutralisiert werden. Diese Ausführung dürfte sich, falls vorsichtig gehandhabt, in Büchereien, Kunstsammlungen usf. bewähren[1]).

Für gewöhnlich werden die Ausmaße eines Luftwäschers derart gewählt, daß die Luftdurchgangsgeschwindigkeit zwischen 2,5 bis 3 m/s liegen und je nach Bauart des Tropfenfanges beträgt darin der Druckverlust bei dieser Geschwindigkeit von 5 bis 10 mm WS. Weiter wird die Zahl bzw. Leistung der Düsen derart gewählt, daß etwa 1 m³ Wasser je 1000 m³ Luft durch jede Lage von Düsen gefördert wird.

---

[1]) Sie fand im kürzlich vollendeten Staatsarchiv der V.S.A. Anwendung.

Wird ein Luftwäscher zur Luftbefeuchtung verwendet, so wird die Trockenkugeltemperatur der Luft in gewissen Grenzen herabgesetzt, während ihre absolute Feuchtigkeit entsprechend zunimmt. Der Befeuchtungswirkungsgrad, d. h. die Herabsetzung der Trockenkugeltemperatur in v.H. der ursprünglichen Feuchtkugelabsenkung (Unterschied zwischen Feucht- und Trockenkugeltemperatur) beträgt gewöhnlich, falls das Sprühwasser umgewälzt wird und seine Temperatur mithin nahe der Feuchtkugel-Lufttemperatur liegt, in Wäschern

a) mit einer Schichte Streudüsen in Luftrichtung . . etwa 65 v.H.,
b) » » » » gegen Luftrichtung . » 80 v.H.,
c) » » » » in und einer Schichte
    gegen Luftrichtung . . . . » 85 v.H.,
d) » zwei Schichten Streudüsen gegen Luftrichtung . » 95 v.H.,
e) » » » » » » »
    und einer Schichte in Luftrichtung . . . . . . fast 100 v.H.

Hieraus läßt sich auch die Verdampfungskühlleistung ermitteln, unter der Voraussetzung, daß das überschüssige Waschwasser nicht wieder gekühlt, sondern umgewälzt wird.

Wird das Waschwasser vor Wiederverwendung gekühlt, so wird die Luft, wie vorerwähnt, erst gesättigt und die Kühlung dann entlang der Sättigungslinie fortgesetzt. Das Verhältnis der Differenz von Feuchtkugeltemperatur der austretenden Luft und Endtemperatur des Waschwassers zur Differenz von Feuchtkugeltemperatur der eintretenden Luft und der Anfangstemperatur des Wassers beträgt annähernd 0, 0,05, 0,15, 0,20 und 0,35, für die vorangeführten Bauformen e, d, c, b und a.

i) Schallregelung.

α) *Grundlagen.*

Die Luftveredlungstechnik brachte in das Aufenthaltsgebäude vielfach großzügige Maschinenanlagen, welche verschiedenartige Lärmquellen enthalten und deshalb dem Fachmanne die Kenntnisnahme einzelner Gebiete der Schallregelungstechnik aufzwingen.

Den Maßstab der technischen Schallmessung gibt die Dezibelskala, welche in Amerika entstanden ist und kürzlich in Europa eingeführt worden ist. Dieser Maßstab stützt sich auf die Gehörsempfindung bei Tönen verschiedener Intensität I (in erg/cm² · sec), von 1000 Hertz (Schwingungen sekundlich) und es ist die Meßgröße S eines solchen Tones in Dezibel[1] (abgekürzt »db«):

$$S = 20 \cdot \log \frac{p}{p_0} = 10 \cdot \log \frac{I}{I_0} \quad \ldots \ldots \quad (23)$$

---

[1] Die Grundmeßgröße ist das Bel, und ist $S = \log \frac{I}{I_0}$ die der Gl. (23) gleichwertige Beziehung, ausgedrückt in Bel.

worin p den mittleren Druck der Schallwelle auf die zu ihr senkrechte Ebene und p_0 den Reizschwellendruck (an der Schwelle der Hörbarkeit) in dyn/cm², und I und I_0 die den beiden Drucken zugeordneten Schallintensitäten in erg/cm²·sec bedeuten. Der Reizschwellendruck wurde in Deutschland mit $p_0 = 3{,}16 \cdot 10^{-4}$ μdyn/cm² angenommen [1] [2].

Der Vergleich von Schallintensitäten erfolgt unter Bezug auf Gl. (23) und es gibt beispielsweise:

$$d = S_1 - S_2 = 10 \cdot \log \frac{I_1}{I_2} \quad \ldots \ldots \ldots (24)$$

an, um wie viele db der Ton oder Schall von der Intensität I_1 höher liegt als der von I_2. Ergibt das Anschlagen einer Saite die Meßlautstärke von 1 db, so wird das gleichzeitige Anschlagen von 2 solchen Saiten um $d = 10 \cdot \log \frac{2}{1} = 3$ db und das von 100 Saiten um $d = 10 \cdot \log \frac{100}{1} = 20$ db höher gewertet.

Die Gehörsempfindung, in Europa in Phon ausgedrückt, folgt der Dezibelskala nur bei den als Bezugsgrößen gewählten Tönen von 1000 Hertz; im vorangehenden Beispiele wird also bei Tönen von 1000 Hertz das Anschlagen von 2 Saiten um 3 Phon, von 100 Saiten um 20 Phon lauter empfunden als das einer Saite, d. h. es ist in diesem Falle die Gehörsempfindung L in Phon jeweils auch gleich der Meßgröße S in db. Für andere Schwingungszahlen weicht aber die Empfindung u. U. wesentlich von der Meßgröße ab, und es ist beispielsweise die Empfindung

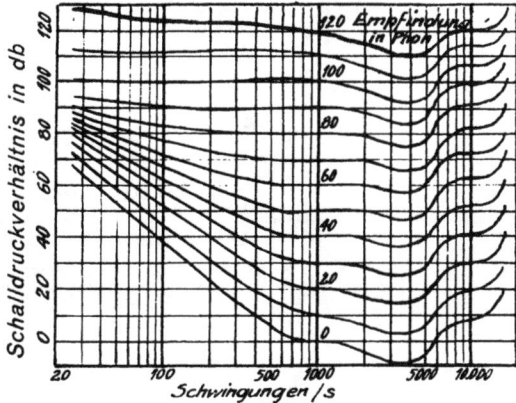

Abb. 38. Hörflächenschaubild (nach Fletcher-Munson).

der Reizschwellenschallstärke von 0 Phon bei 100 Hertz gleichwertig mit einem physikalischen Meßwerte von etwa 40 db.

Der Zusammenhang von Gehörsempfindung und Schalldruckverhältnis ist in Abb. 38 dargestellt und es sollten die Ergebnisse der Schallmessung

---

[1] Über die deutsche Lehrtechnik berichtet übersichtlich W. Bausch im Gesundheits-Ingenieur 1936 (S. 757) und bringt Literaturverweise.

[2] Es ist aber zu beachten, daß amerikanische Meßvorrichtungen etwa um 3,8 Einheiten (db) höhere Meßskalen aufweisen als deutsche Vorrichtungen, so daß die Meßergebnisse entsprechend korrigiert werden müssen. Dies beruht darauf, daß in Amerika der Reizschwellendruck als $p_0 = 2{,}07 \cdot 10^{-4} \cdot \sqrt[\prime]{\frac{H}{76}} \cdot \sqrt{\frac{273}{T}} \cong 2{,}05 \cdot 10^{-4}$ μdyn/cm² gewählt worden ist.

jeweils auf Gehörseindrücke umgerechnet werden, falls man Trugschlüssen ausweichen will. (Allerdings dürfte es in der Luftveredlungstechnik zulässig sein, die Empfindungs- und die Meßskalen beliebig zu vertauschen, da die wichtigsten hier vorkommenden Schallquellen Töne von 250 Hertz und mehr auslösen und die in diesem Bereiche zu erwartenden Fehler technisch vernachlässigt werden können.)

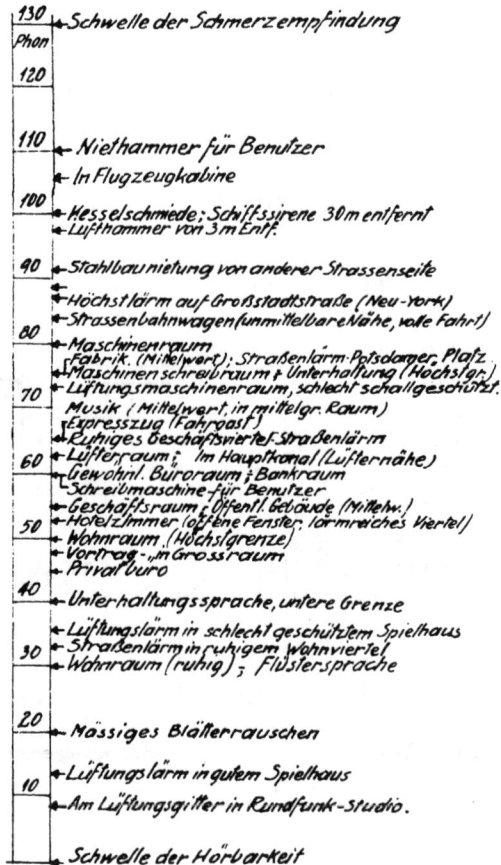

130 Phon — Schwelle der Schmerzempfindung
120
110 — Niethammer für Benutzer
— In Flugzeugkabine
100 — Kesselschmiede; Schiffssirene 30 m entfernt
— Lufthammer von 3 m Entf.
90 — Stahlbaunietung von anderer Strassenseite
— Höchstlärm auf Großstadtstraße (Neu-York)
80 — Strassenbahnwagen (unmittelbare Nähe, volle Fahrt)
— Maschinenraum
— Fabrik (Mittelwert); Straßenlärm Potsdamer Platz
— Maschinenschreibraum + Unterhaltung (Höchsl.gr.)
70 — Lüftungsmaschinenraum, schlecht schallgeschützt.
— Musik (Mittelwert in mittelgr. Raum)
— Expresszug (Fahrgast)
— Ruhiges Geschäftsviertel-Straßenlärm
60 — Lüfterraum; Im Hauptkanal (Lüfternähe)
— Gewöhnl. Büroraum; Bankraum
— Schreibmaschine für Benutzer
— Geschäftsraum; Öffentl. Gebäude (Mittelw.)
50 — Hotelzimmer (offene Fenster; lärmreiches Viertel)
— Wohnraum (Höchstgrenze)
— Vortrag - im Grossraum
— Privatbüro
40 — Unterhaltungssprache, untere Grenze
— Lüftungslärm in schlecht geschütztem Spielhaus
30 — Straßenlärm in ruhigem Wohnviertel
— Wohnraum (ruhig); Flüstersprache
20 — Mässiges Blätterrauschen
10 — Lüftungslärm in gutem Spielhaus
— Am Lüftungsgitter in Rundfunk-studio.
— Schwelle der Hörbarkeit

Abb. 39. Erfahrungsmäßige Schallstufen.

Die amerikanische Praxis betrachtet die in Zahlentafel 8 zusammengefaßten Störschallgrenzen für die verschiedenen Arten von Aufenthaltsräumen als zulässig. Diese Störschallgrenzen umfassen die in jedem Einzelfalle von außen eindringenden und auch im Raume selbst geschaffenen Schallmengen, außer den mit der Zweckbestimmung von Vortrags-, Musik-, Ateliers- u. a. Räumen zusammenhängenden Schallquellen.

Beachtenswert ist die in Abb. 39 dargestellte Zusammenstellung von Erfahrungswerten, woraus ersehen werden kann, daß Musik und das gesprochene Wort eine Gehörsempfindung zwischen 40 Phon im großen (Vortrags-)Raume, bis 70 Phon im kleinen (Wohn-)Raume auslösen kann. Natürlich wird dies wesentlich vom unvermeidlichen, beispielsweise von außen eindringenden Lärm abhängen, und es muß in Vortragssälen u. ä. m. darauf geachtet werden, daß hier die Empfehlungen der Zahlentafel 8 eingehalten werden.

Zahlentafel 8. Zulässige Lärmgrenzen.

Sprechfilmateliers	6	bis	8	Phon
Rundfunkhallen	8	»	10	»
Krankenzimmer	8	»	12	»
Musikstudios	10	»	15	»
Wohn- und Hotelräume und kleine Büros	10	»	20	»
Schauspielhäuser, Vortrags-, Schul- und Büchereiräume, Kirchen	12	»	24	»
Lichtspielhäuser, kleine Kleidungsgeschäfte	15	»	25	»
Größere Büros ohne Öffentlichkeitszutritt	20	»	30	»
Öffentliche Großbüros, Bankhallen, obere Kaufhausgeschosse, Gastwirtschaften, Barbiere	25	»	35	»
Lebensmittelgeschäfte, (amerikanische) Drogerien	30	»	50	»
Buchhaltungen und Maschinenschreibebüros	35	»	45	»
Erdgeschosse von Großkaufhäusern	40	»	50	»

Für die Schallregelung in der Luftveredlungstechnik sind die Störschallstärkestufen, welche in Lüfter- und Maschinenräumen vorherrschen, von Bedeutung, und sie schwanken vielfach zwischen 50 und 80 Phon. Es muß deshalb auf ihre größtmögliche Herabsetzung an der Quelle, wie auch auf sorgfältige Abdämmung geachtet werden, innerhalb der durch wirtschaftliche Rücksichten und Zweckbestimmung der Anlage gegebenen Grenzen.

In einem Großbüro seien beispielsweise die voneinander unabhängig ermittelten Störschallstärken des Straßenlärmes 40 db, der Lüftungs-, Aufzugs-, Heizungs- usf. Anlage 50 db, und des im Raume selbst erzeugten, mit der Geschäftstätigkeit verbundenen Lärmes 60 db. Dann sind aus Bez. (24) die einzelnen Störlautintensitäten, bezogen auf die Reizschwellenintensität:

$$\frac{I_s}{I_0} = 10^4, \quad \frac{I_m}{I_0} = 10^5 \text{ und } \frac{I_r}{I_0} = 10^6,$$

worin I_s, I_m, I_r und I_0 die Straßen-, Maschinen-, Raum- und Reizschwellenintensitäten bedeuten. Die resultierende Lärmstufe ermittelt sich dann, da die Gesamtintensität $I = I_s + I_m + I_r$ ist, zu

$S = 10 \log \dfrac{I}{I_0} = 60{,}4 \text{ db}$[1]). Hieraus ist ersichtlich, daß in Räumen von hoher Lärmstufe von außen einfallender Lärm nur von verschwindender Bedeutung ist.

Die Übertragung von Schallwellen auf das Gehörorgan erfolgt durch Luftschwingungen. In der Luftveredlungsmaschine entstehende Geräusche werden entweder durch die Luftsäule in den Lüftungskanälen oder durch die Baukonstruktion oder aber durch die, die Maschine einschließende Luft (oft erst an die Baukonstruktion und dann mittelbar) an die Raumluft und an das Gehörorgan mitgeteilt.

β) Schalldämpfung in Lüftungskanälen.

Die Schalldämpfung in Lüftungskanälen ist nahezu proportional der Länge, dem Querschnittsumfang des Kanales und der Schallabsorptionszahl der Kanalwandungen, aber verkehrt proportional der Kanalquerschnittfläche. Allerdings muß auch auf die Reflektion der Schallwellen, die von einiger Bedeutung ist, Rücksicht genommen werden.

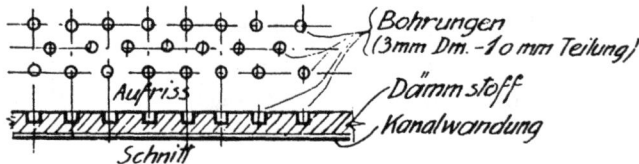

Abb. 40. Schalldämmung.

Abb. 41. Schalldämmung.

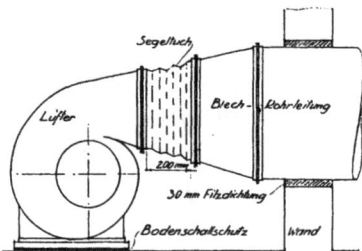

Abb. 42. Segeltuch- und Filzdämmung.

Zwecks Schalldämpfung im Kanalsystem kann man also die Kanalwandungen mit einem schalldämpfenden Stoffe auskleiden, wobei oft die Oberfläche zwecks Vergrößerung und auch zwecks Aufbrechen der Schallwellen und unregelmäßiger Reflektion mit kleinen Bohrungen besät wird (Abb. 40 und 41). Es ist u. U. ausreichend, in die Kanäle plötzliche Erweiterungen einzubauen, oder sie zu unterteilen, wobei die einzelnen Äste verschiedene Länge erhalten, um eine

---

[1]) Dieses Meß- bzw. Rechnungsergebnis sollte allerdings, unter Bezugnahme auf Abb. 38 auf die Gehörsempfindungsskala umgerechnet werden.

Phasenverschiebung zu sichern (Abb. 43), so daß sie sich beim Zusammentreffen allfällig gegenseitig dämpfen[1]). Auch Lärmfilter, bestehend aus schalldämpfenden und gleichzeitig die Schallwellen zurückwerfenden oder aufbrechenden Richtungsänderungen (Abb. 44), und Lärmfilter, die aus mehreren Richtungsänderungen, Wehren u. m. bestehen, können Anwendung finden[2]). Die Abdämmung von Maschinenlärm vom Kanalnetz erfolgt vorwiegend durch Segeltuch (Abb. 42).

Bei allen Versuchen der Schalldämpfung muß aber beachtet werden, daß hiedurch Reibungs- und Einzelwiderstände in die Leitungen gebracht werden, die entsprechend bei der Kanalberechnung berücksichtigt werden müssen.

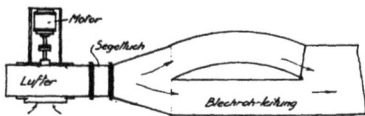

Abb. 43. Schallfilter.　　　　Abb. 44. Schallfilter.

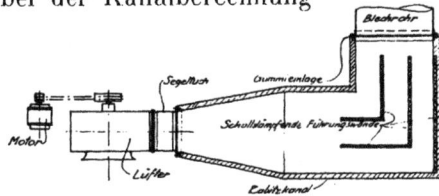

γ) Luftschalldämpfung in Gebäuden.

Zur Luftschalldämpfung in Gebäuden oder Räumen wie beispielsweise Lüfterräumen u. ä. m. wird man die Umfassungswände entsprechend ausgestalten. Vielfach ist es ausreichend, die Wandungen genügend stark und schwer auszuführen, oder aber sie mit schalldämpfenden Stoffen zu verkleiden. In jedem Falle muß bauseits darauf geachtet werden, daß die Tragkonstruktion des Raumes sorgsam schallisoliert wird. Auch müssen die Luftkanäle und Maschinen sorgsam von Konstruktionsteilen getrennt werden (Abb. 42).

δ) Bodenschalldämpfung in Maschinenanlagen.

Dieser heute noch sehr vernachlässigte Abschnitt der Schallregelung ist in der Luftveredlungstechnik mit den vielen sie begleitenden Maschinen von großer Bedeutung und sollte vom Fachmann unbedingt mit in das Bereich seiner Tätigkeit einbezogen werden. Es ist immer noch die Ansicht verbreitet, daß Maschinenschwingungen durch dämpfende Unterlagen genügender Größe einwandfrei unterbunden werden können, und diese Unterlagen deshalb so groß und nachgiebig als nur möglich zu wählen sind. Es ist auch noch ganz allgemein gebräuchlich, anscheinend ungeeignete Schalldämpfer durch Vergrößerung, Verstärkung oder Vervielfachung verbessern zu wollen und, falls dies nicht hilft,

---

[1]) Diese letzten Ausführungsformen sind ohne weitläufige Kenntnis der Schalltechnik nicht anwendbar, und dürften auch solche Filter in der Praxis zusätzliche Schalldämmung verlangen, um gegen unliebsame Überraschungen zu wahren.

[2]) Düsen- und Schlitzgitter wirken wie Schallfilter und setzen die Schallübertragung zwischen Räumen am selben Kanale herab.

den Übelstand Sonderheiten der Konstruktion zu Lasten zu legen, obwohl dieser oft bloß auf Unverständnis beruht.

Die amerikanische Praxis berechnet die Schwingungsdämpfung einer Unterlage mittels der Beziehung[1]):

$$\delta = \sqrt{\dfrac{\varrho^2 + \left(2\cdot\pi\cdot n\cdot\dfrac{1}{c}\right)^2}{\varrho^2 + \left(2\,\pi\cdot n\cdot m - \dfrac{1}{2\cdot\pi\cdot n\cdot c}\right)^2}} \quad\cdots\cdots (25)$$

worin δ die Übertragungszahl der Unterlage, c ihre Nachgiebigkeit in cm/dyn, ϱ die mechanische Widerstandszahl im absoluten Maßsystem, n die sekundliche Schwingungszahl der Maschine und m die Masse derselben in g bedeutet. Ist δ nur wenig kleiner als 1, so ist die Schwingungsdämpfung der Unterlage sehr gering. Je kleiner δ wird, desto besser ist die Dämpfung.

Aus der Beziehung (25) ist ersichtlich, daß m und c möglichst groß gewählt werden sollten, um die größte Dämpfung zu sichern, d. h. die Masse der Maschine soll die Unterlage bis nahe an die Grenze deren zulässigen Belastung laden, während die Unterlage aus einem möglichst nachgiebigen Stoffe bestehen soll. In Zahlentafel 9 sind Werte der zulässigen Belastung und andere Angaben über gebräuchliche Schwingungsdämpfer enthalten, die eine Berechnung der richtigen Größenausmaße ermöglichen. Es ist hier noch zu bemerken, daß beispielsweise ein Lüfter mit 8 Schaufeln bei 500 Umdr./min $8\cdot500/60 = 66$ Schwingungen/s aufweisen würde, daß aber beispielsweise schlechte Auswuchtung des Rades, Schlagen des Riemens u. ä. diese Zahl erheblich steigern dürfte. Es sind aber 100 bis 150 Perioden/s gebräuchliche Rechnungswerte von n.

Zahlentafel 9. Eigenschaften von Schalldämpfstoffen.

Baustoff	Spezifisch. Gewicht kg.dm³	Zulässige Höchstlast kg/cm³	$10^6 \times c$ cm/dyn	$\dfrac{\varrho}{10^5}$
Korkplatte	0,65	0,9	0,10	0,06
»	0,42	0,6	0,2	0,10
Holzstoffplatte . .	0.8	0,3 bis 0,45	0,24	0,20
» . .	—	0,9 bis 1,2	0,07 bis 0,05	—
Schwammgummi .	0,4	0,1 bis 0,2	1,25	—
Weichgummi . . .	0,9	0,2 bis 0,45	0,48	—
Filzplatte.	0,16	0,1 bis 0,15	0,6	—

In Abb. 45 bis 48 sind beliebte Ausführungsformen von Maschinenfundamenten dargestellt, die selbsterklärlich sind. Die letzten Jahre haben auch in Anlehnung an das Vorgesagte kleine Schwingungsdämpfer

---

[1]) Soderberg, C. R. in »The Electric Journal« 1924.

(Abb. 49 und 50) gebracht, deren Füllstoffe sehr nachgiebig sind und die nahe der zulässigen Belastungsgrenze belastet werden müssen, um

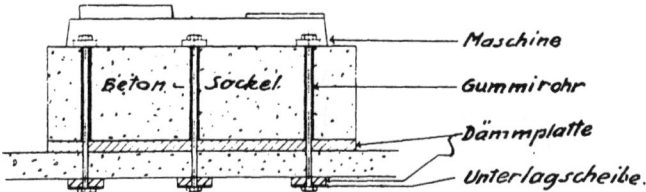

Abb. 45. Maschinenfundament.

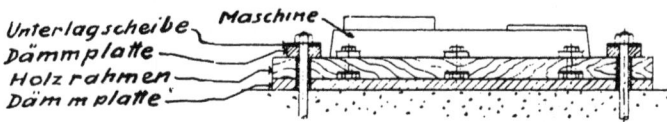

Abb. 46. Maschinenfundament.

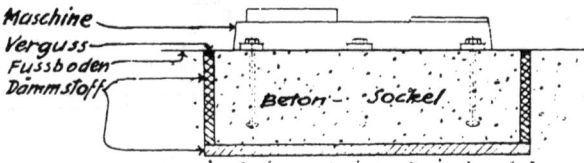

Abb. 47. Maschinenfundament.

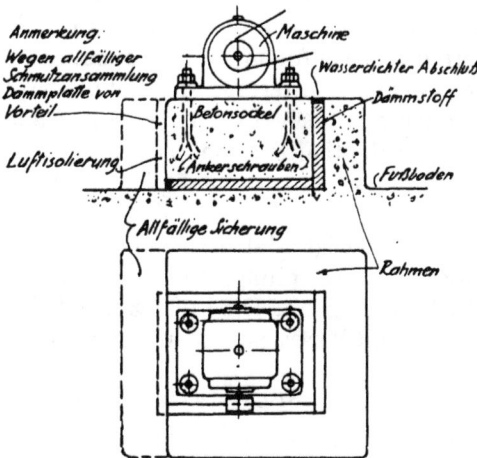

Abb. 48. Maschinenfundament.

höchste Dämpfung zu sichern. Sie werden vielfach bei der Herstellung vorbelastet.

In Einzelfällen empfiehlt es sich, zwecks Herabsetzung der Anschaffungskosten des Fundaments den Isolierstoff durch eine größere

Schicht von Sand zu ersetzen (Abb. 51). Die größeren Ausmaße eines solchen Fundamentes und die Gefahr, daß es sich allmählich setzen könnte, sind gewichtige Nachteile der Bauform.

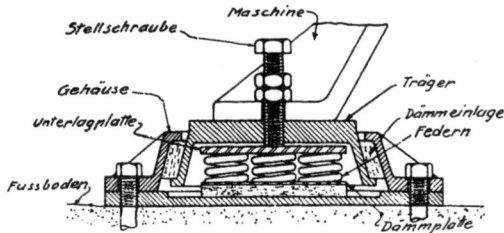

Abb. 49. Schwingungsdämpfer.

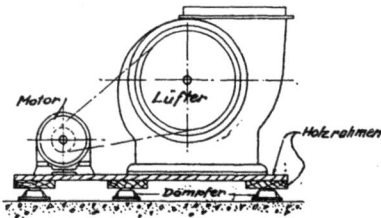

Abb. 50. Anordnung von Dämpfern.

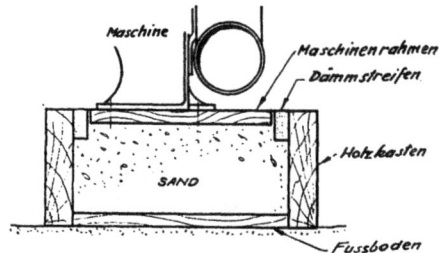

Abb. 51. Sandkasten - Schalldämpfung.

ε) *Luftfeuchtigkeit und Schallregelung.*

Es ist bekannt, daß die Lufttemperatur und Luftfeuchtigkeit einen großen Einfluß auf die Schallfortpflanzung ausüben, so daß beispielsweise an einem trockenen Wintertage die Schallfortpflanzung der an einem Frühjahrs- oder Spätherbsttage[1]) hoher Luftfeuchtigkeit bedeutend nachsteht. Im Aufenthaltsraume ist die Temperatur innerhalb enger Grenzen konstant, so daß hier lediglich die Luftfeuchtigkeit von Einfluß ist.

Die Erfahrung hat gezeigt, daß in Raumluft bei 25 v.H. relativer Luftfeuchtigkeit die Schalldämpfung etwa doppelt so groß ist wie bei 80 v.H. relativer Luftfeuchtigkeit. Die Luftfeuchtigkeit ist also in Schauspielhäusern, Konzert- und Vortragsräumen u. ä. m. von großem Einfluß.

j) Wärme- und Schwitzwasserschutz.

In Luftveredlungsanlagen muß auf ausreichenden Schwitzwasserschutz geachtet werden, der meist als Wärmeschutz einen Doppeldienst erfüllt. Überall, wo Zuluftleitungen und gelegentlich auch Umluftleitungen durch unbewetterte Räume gehen, sollte ermittelt werden, ob die Temperatur der Kanaloberfläche je unter die Taupunkttemperatur der Raumluft fallen dürfte, und es sollte wenigstens soviel Wärmeschutz

---

[1]) Im Sommer und Frühherbst wirkt die Belaubung usf. stark schalldämpfend.

auf der Oberfläche angebracht werden, um dies zu verhindern. Das gleiche gilt von den Maschinenanlagen selbst, wie auch anderen Teilen der Anlage, wie Frischluftkanälen u. a. m.

k) Die Luftführung im Raume.

Das Behaglichkeitsgefühl der in einem Raume versammelten Menschen ist wesentlich von der Geschwindigkeit, Richtung, Feuchtigkeit und Temperatur der im Raume herrschenden Luftströmungen abhängig, da die Luftveredlung auf ausreichender Zufuhr von entsprechend zubereiteter Luft zu einem jeden der Rauminsassen und Abfuhr der schlechten Raumluft beruht und dies nur durch sorgfältig festgelegte und wohlüberlegte Luftströmungen möglich wird. Die Lufteinlaß- und Auslaßgeschwindigkeiten für die Lüftungsauslässe sind innerhalb enger Grenzen durch die Erfahrung festgelegt (Zahlentafel 3), es hängt aber die endgültige Wahl von der Erfahrung des entwerfenden Fachmannes ab. Hiebei wird die Lage und Ausführung der Lüftungsgitter, die Temperatur der Zuluft, ja sogar die Raumgröße und seine Zweckbestimmung, das Verhältnis von Länge, Breite und Höhe, die Bauausgestaltung, Art der Besetzung, Luftanteil je Kopf und andere Einzelheiten mitsprechen, und das Bestreben des Entwerfenden muß danach gerichtet sein, aus diesem Komplex von Einzelheiten eine möglichst wirtschaftliche und befriedigende Lösung herauszuschälen.

Bei Einführung von Zuluft in und Entzug von Abluft aus einem Raume wird die natürliche (Schwerkrafts-)Strömung der Luftmengen berücksichtigt werden müssen. Wird beispielsweise warme Luft von bestimmter Übertemperatur in einem Raum eingeführt, so hat sie das Bestreben zu steigen, während kalte Luft fällt; je nach der Lage der Einlaßgitter und der Eintrittsgeschwindigkeit wird sich eine resultante Strömung ergeben, die immer wohl erwogen werden muß, falls man sich von unliebsamen Überraschungen schützen will. Die zu gewärtigenden Schwierigkeiten wachsen mit der Größe und mehr noch der besetzten Höhe des Raumes, ein Umstand, der vielfach unbeachtet gelassen wird. Es ist leicht verständlich, daß in einem großen Raume, wo beispielsweise die Luftein- und -abfuhr auf die Umfassungswände beschränkt ist, die Luftströmungen viel stärker sein müssen als in engeren Räumen, um den in Raummitte befindlichen Personen genügend Frischluft zu bringen, daß aber andererseits solche Strömungen Personen in der Nähe der Auslässe leicht als unangenehme Zugerscheinungen auffallen werden. Andererseits kann in hohen Räumen, wo sich Menschen in verschiedenen Höhenlagen befinden, übermäßig hohe Temperatur in den oberen und unzulängliche Temperatur in den unteren Luftschichten nur durch wohlerwogene, starke Luftströmungen verhindert werden, die ebenfalls »zugfrei« sein müssen. Solche Aufgaben allseits befriedigend zu lösen, ist eine der Hauptaufgaben der Lüftungstechnik.

Es gibt mehrere grundlegende Formen der Luftführung im Raume wie:

1. Luftbewegung von unten nach oben,
2. » von oben nach unten,
3. » von oben nach oben,
4. » von unten nach unten,
5. Querlüftung und
6. gemischte Lüftung.

Alle diese Lüftungsformen kommen mehr oder weniger häufig zur Anwendung und gelegentlich werden zwei oder mehrere im Rahmen derselben Anlage, als umkehrbare oder umschaltbare Lüftungsanlagen ausgeführt.

Im nachfolgenden Abschnitte soll vorwiegend die Einführung von Zuluft von etwas geringerer als Raumtemperatur bzw. Abfuhr von Luft von höherer Temperatur betrachtet werden. Im umgekehrten Fall der Zufuhr wärmerer Luft können die Ausführungen sinngemäß abgeändert angewendet werden.

Die Lüftung von unten nach oben bringt die Zuluft in die Aufenthaltszone und führt die erwärmte Luft in Deckennähe ab (Abb. 52). Sie eignet sich besonders dort, wo Wärme, Dünste, Dampf und Rauch, welche leichter als Raumluft sind, abgeführt werden sollen und da in Aufenthaltsräumen vorwiegend Wärme und gelegentlich Rauch usf. vorkommen, so ist sie vielfach als günstigste Lüftungsform hingestellt worden. In dichtbesetzten Räumen mit verhältnismäßig kleinem Luftwechsel und auch andererorten hat sie aber unbestreitbare Nachteile.

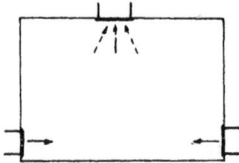

Abb. 52. Lüftung nach oben. (Grundform.)

Die eintretende kühlere Luft trifft nämlich die außerordentlich empfindlichen Füße der Menschen und muß deshalb langsam (0,3 bis 0,5 m/s) strömen und nur sehr wenig kühler sein als die Raumluft, was größere Luftmengen, große Kanal- und Gitterquerschnitte, größere Lüfter, Filter u. a. m., weitgehende Verästelung des Netzes, sorgfältige Temperaturregelung und aufmerksame Bedienung erfordert und somit eine weniger wirtschaftliche Gesamtanlage ergibt. Außerdem wird der Großteil der Wärme, Feuchtigkeit, Ausdünstungen usf., welche die Luft verschlechtern, von den versammelten Menschen an die Luft abgegeben, so daß die Zuluft beim Erreichen der Atemzone und des unbekleideten Kopfes schon mehr als Abluft wie als Frischluft zu werten ist, was durch die Atmungsorgane und das Nervensystem bald erkannt wird und der Lüftung zu Lasten gelegt wird. In Kinos, Theatern und Vortragssälen kommt es überdies häufig vor, daß die rückwärtigen Teile des Raumes unbesetzt bleiben, und die dort eintretende Zuluft unter

Erzeugung unangenehmer Zugwirkungen in den besetzten Teil (Abb. 53) herabfällt; um diese Erscheinung zu vermeiden, muß das Zuluftnetz in mehrere unabhängig schalt- und regelbare Teilnetze zerlegt werden (Abb. 53a). In verhältnismäßig kleinen, gleichmäßig besetzten Räumen wie z. B. Unterrichtsräumen und Hörsälen, ergibt diese Ausführung bei einiger Sorgfalt in der Ausführung und im Betriebe, d. h. bei geringen Luftgeschwindigkeiten und Temperaturunterschieden (Abb. 54), gute Verhältnisse[1]).

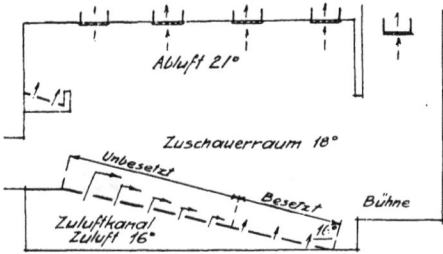

Abb. 53. Spielhauslüftung nach oben.

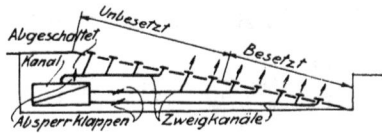

Abb. 53a. Spielhauslüftung nach oben.

Die Lüftung von oben nach unten ist in ihrer Grundform in Abb. 55 dargestellt. In vielen Fällen wird sie sich durch Zugbelästigungen bemerkbar machen, da die kühle Zuluft rasch herabfallen wird und unter den Auslässen befindliche Personen treffen wird, bevor sie sich mit der warmen Raumluft mischen kann. Dies läßt

Abb. 54. Hörsaallüftung nach oben.

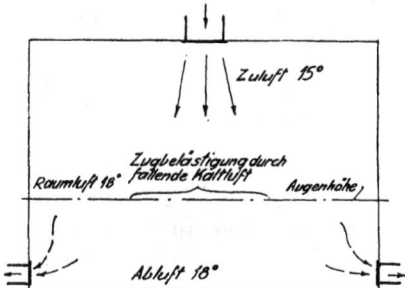

sich größtenteils vermeiden, falls unter das Auslaßgitter eine Ablenkplatte (Abb. 56) eingebaut wird; diese Bauform reicht allerdings nur dann aus, falls die Decke eben ist, d. h. keine Träger, Unterzüge oder Rippen aufweist, da die Luft sonst wieder in größeren Mengen nach unten abgelenkt wird und die vorerwähnten Unannehmlichkeiten bringt. Die Ablenkplatte muß deshalb auch beträchtlich größer sein

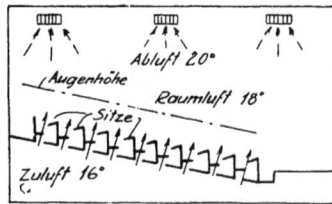

Abb. 55. Lüftung nach unten. (Grundform.)

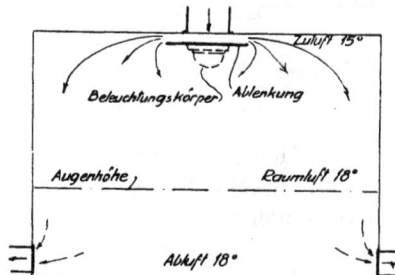

Abb. 56. Lüftung nach unten.

---

[1]) Rietschel-Brabbée: Leitfaden VII. Aufl., I. Bd., S. 163. »Hörsaallüftung der Versuchsanstalt.«

als das Gitter, oder es müssen Führungsbleche (Abb. 65) eingebaut werden.

In größeren Räumen werden die Abluftkanäle, falls sie in den Seitenwänden angeordnet sind, die Luftverteilung nach der Raummitte erschweren (Abb. 57). In Versammlungsräumen mit festen Sitzen kann man da zur Ablüftung durch geschützte Fußbodeneinlässe oder in den Seiten der Sitze oder Bänke angeordnete Abluftgitter (Abb. 58) greifen.

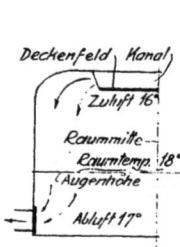

Abb. 57. Lüftung nach unten.

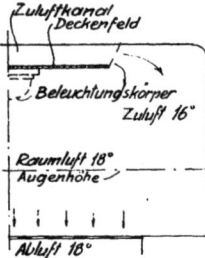

Abb. 58. Lüftung nach unten.

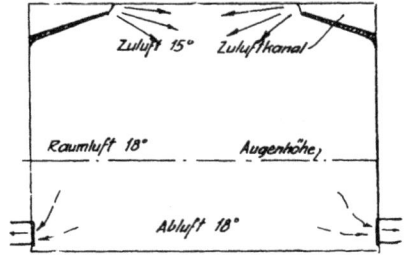

Abb. 59. Wirbelstromlüftung.

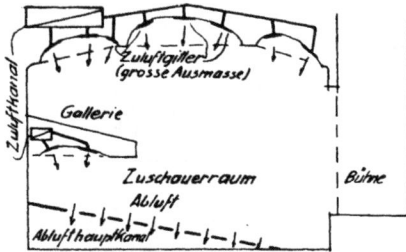

Abb. 60. Lüftung nach unten.

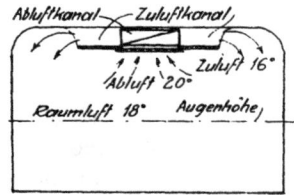

Abb. 61. Lüftung von oben nach oben.

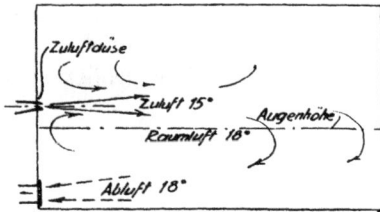

Abb. 62. Düsenlüftung.

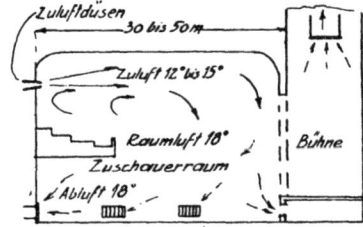

Abb. 63. Düsenlüftung eines Spielhauses.

Eine einfachere Lösung gibt hier gelegentlich die Wirbelstromzufuhr der Luft (Abb. 59), welche in großen Räumen mit unregelmäßigen Decken einem weitläufig verästelten Zuluftnetz weichen müßte (Abb. 60); nur in den seltensten Fällen wird man hier mit einer einfachen Ausführung auskommen.

Die Lüftung von oben nach oben (Abb. 61) liefert unter besonderen Verhältnissen wie in niedrigen Räumen mäßiger Größe gute Dienste. In letzter Zeit kommt sie im Verein mit den nacherwähnten

Düsen und Spaltenauslässen auch in großen aber niedrigen Räumen zu
Ansehen[1]).

Für Großräume genügender Raumhöhe verwendete die Carriersche
Gesellschaft düsenartige Auslässe in Deckennähe, durch welche die
Zuluft mit großer Geschwindigkeit austritt und durch Mitreißen von
Raumluft nicht nur eine gute, in der Atemzone unmerkliche Luftbewe-
gung im Raume einleitet, sondern auch das Einbringen von Luft zu-

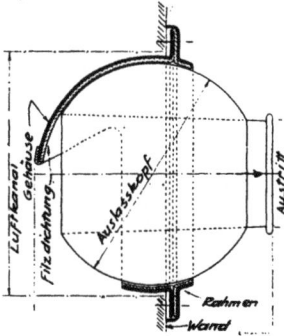

Abb. 64. Kugelgelenksauslaß.
(Thermotank Ltd.)

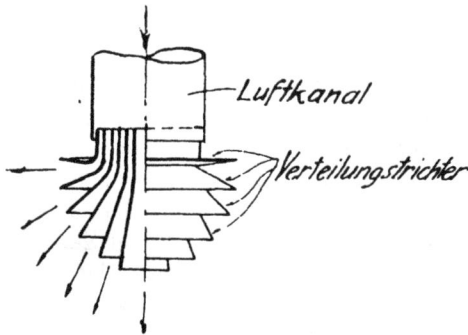

Abb. 65. Anemostat (nach Hirsch).

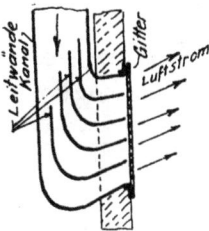

Abb. 66.
Zuluftführung.

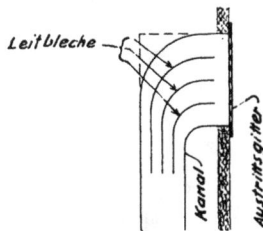

Abb. 67.
Zuluftführung.

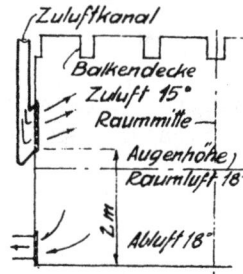

Abb. 68.
Anordnung von Zuluftgittern.

läßt, die eine von der Raumluft wesentlich abweichende Temperatur
aufweist; hiedurch ist es möglich, für die gleiche Heiz- oder Kühlleistung mit kleineren Luftmengen und mithin kleineren Maschinen auszukommen, als bei Lufteintritt bei geringer Luftgeschwindigkeit (Abb. 62
und 63). Ähnliche Ziele strebt auch der Kugelgelenkauslaß (Abb. 64)
an. Diesen Ausführungsformen schlossen sich in letzter Zeit viele Bauarten von Zuluftauslässen an, die alle die Einführung der Luft in den
Raum bei verhältnismäßig hoher Geschwindigkeit durch enge Schlitze

---

[1]) Verfasser hat mit dieser Ausführung vorzügliche Ergebnisse gezeigt, welche
ihre Eignung für ganzjährigen Betrieb unter verschiedensten Verhältnissen bewiesen
haben; u. a. ließ sie anstandslos Zufuhr von bis 12° C kühlerer Luft in den Raum zu.

oder Düsen bezwecken und welche der Zuluft eine bestimmte Richtung erteilen, um ihre Mischung mit Raumluft zu sichern, bevor sie die An-

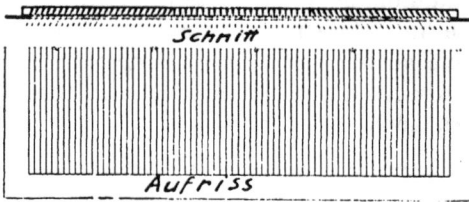

Abb. 69. Schlitzgitter.

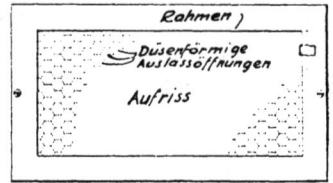

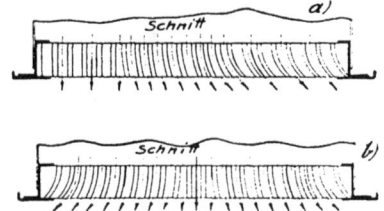

wesenden trifft (Abb. 69 und 70), im Gegensatz zu Gittern (Abb. 71), welche Zugbelästigung bedingten (Abb. 72)[1]. Ähnlichen Zwecken dienen auch die verschiedenen Bauformen von Leitblechen und Anemostaten (Abb. 65 bis 68). Diese Ausführungsformen haben in letzter Zeit die verschiedenen Beschränkungen der Austrittsgeschwindigkeit, die noch vor kurzer Zeit gültig waren, aufgehoben und die einzige derzeit noch in Kraft ist die Unterbindung der Geräuschbildung bei größeren Austrittsgeschwindigkeiten und Beschränkung der Druckverluste in Abzweigen u. ä. m., welchen aber durch Einbau von Leitblechen (Abb. 73 und 74)

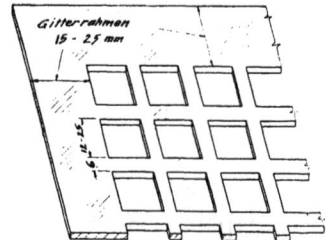

Abb. 70. Düsengitter.

Abb. 71. Lüftungsgitter.

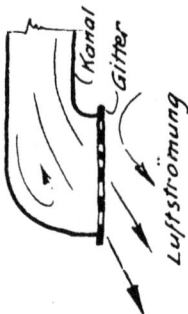

Abb. 72. Falsche Luftzufuhr.

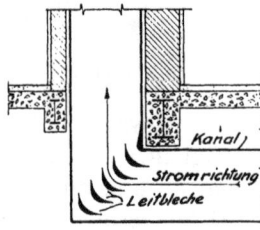

Abb. 73 u. 74. Einbau von Leitblechen.

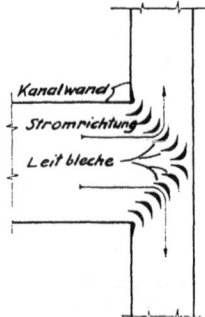

---

[1] Eigene Versuche haben gezeigt, daß auch Düsen oder Schlitzgitter bei seitlichem Auftreffen des Luftstromes, Störungen ähnlich Abb. 72 nicht ausschließen. Fällt aber der Luftstrom nahezu senkrecht auf ein solches Gitter ein, so ergibt sich die gewünschte Verteilung im Raume. Diese Bedingung kann durch Vorschalten entsprechender Leitbleche erfüllt werden.

entgegengearbeitet wird. Man muß aber bei der Wahl von Auslässen unbedingt auf den allfälligen Störschall bei höheren Geschwindig- keiten achten, der bei einzelnen der Schlitzauslässe das Zwei- bis Drei- fache des von gewöhnlichen Gittern erzeugten Schalles beträgt[1]).

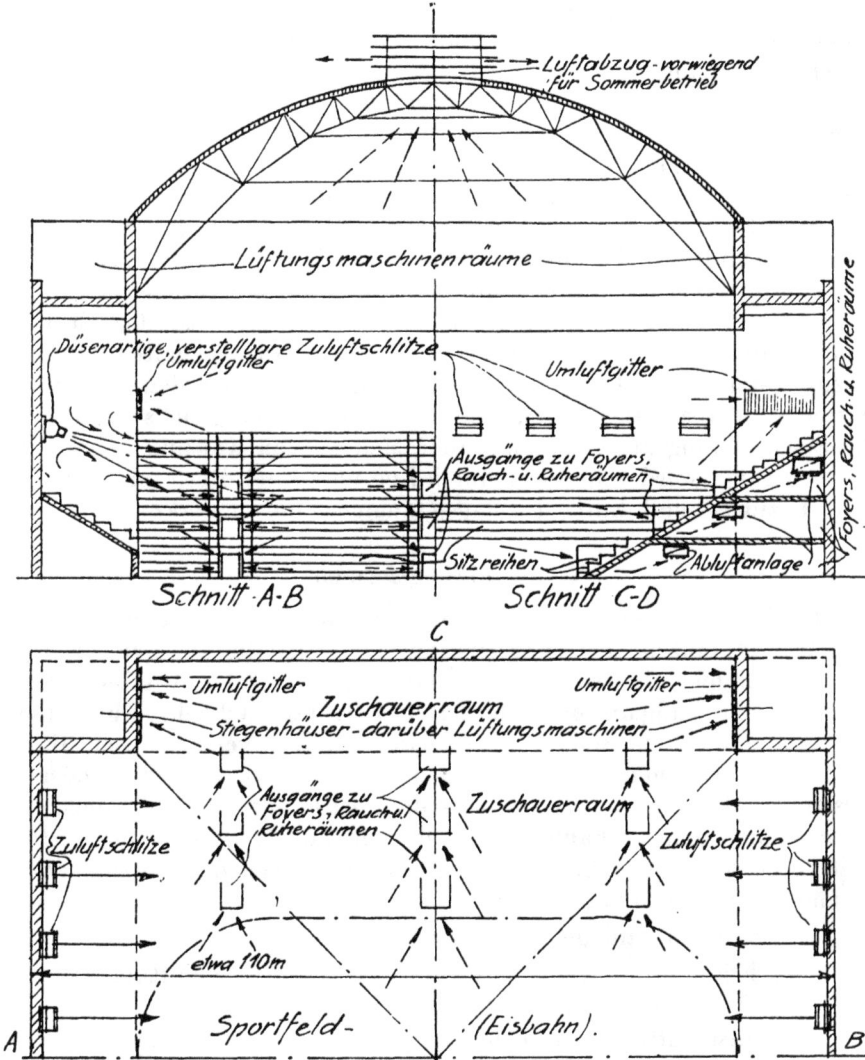

Abb. 75. Luftführung in einem Großraume.

Eine großzügige Ausführung der Zuführung von Luft durch düsen- artige Spalte ist in Abb. 75 dargestellt. Sie hat sich in mehreren

---

[1]) Geiger P. H.: »How to Avoid Trouble from Noise in Air Conditioning Installations.« Heating, Piping and Air Conditioning, 11 [1936]. S. 605 bis 608.

Großhallen vorzüglich bewährt[1]) und ist aus der Abbildung selbsterklärend.

Außer den vertikalen natürlichen Luftströmungen muß man auch auf die erzwungenen Querströmungen achten. So wird man dort, wo bloß ein Abluftnetz vorgesehen wird, die Gitter möglichst an die Innenwände verlegen, um die durch Undichtheiten, Fenster usf. einfallende Frischluft auszunützen.

Weiters ist es unerläßlich, dort wo Zugbelästigung möglichst auszuschalten ist oder wo der Eintritt von Luft aus benachbarten Räumen vermieden werden soll, den Raum durch vorwiegende oder ausschließliche Zulüftung unter Druck zu setzen, während man in Räume, in denen Rauch, Dämpfe und Wärme in größeren Mengen erzeugt wird, vorwiegend Abluftauslässe einbaut. Man wird also Speisesäle vorwiegend mit Zuluft versehen, hingegen aus den angrenzenden Küchen und Anrichten größere Luftmengen absaugen; die Eingänge zu den Speiseräumen sollten möglichst mittels Zuluft unter Druck gehalten werden. Ebenso setzt man die Eintrittshallen von höheren Gebäuden im Winter mittels größerer Mengen von Warmluft unter Druck, da sonst durch die Essenwirkung des Gebäudes große Mengen von Kaltluft in das Gebäude gesaugt werden und sich durch Zug und durch Beeinflussung von den Heizungs- und Lüftungsanlagen unangenehm bemerkbar machen.

2. Ausführungsformen.

Die Grundformen der Luftveredlungsanlagen entstanden unbestreitbar in einzelnen Gewerbebetrieben, Geschäften u. ä. m., waren also ursprünglich als Großanlagen entworfen. Solche Großwetterfertiger werden nach Maßgabe der geforderten Leistung, Betriebsverhältnisse, örtlicher und klimatischer Verhältnisse usf. aus verschiedenen Bauelementen zusammengebaut. Trotzdem Kleinwetterfertiger von anderen Gesichtspunkten behandelt werden sollten, ist es allgemein gebräuchlich, diese ähnlich den Großanlagen aufzubauen, und es ist erst der letzten Zeit vorbehalten geblieben, an die Lösung von solchen Sonderaufgaben in anderer Weise heranzutreten.

Luftveredlungsanlagen werden ausgeführt als:

a) Frischluftanlagen, in denen die gesamte Zuluftmenge von außen eingeführt wird,

b) Mischluftanlagen, in denen der von außen eingeführten Frischluft eine mehr oder weniger große Menge von, aus dem zu lüftenden Raume entnommener Luft — als Umluft bezeichnet — zugemischt, durch den Wetterfertiger geleitet und als Zuluft in den veredelten Raum gebracht wird, und

---

[1]) Der Entwurf entstammt dem Ingenieurbüro W. J. Armstrong, Montreal, und Verfasser war hiefür zum größten Teil verantwortlich.

c) Umluftanlagen, in denen lediglich Umluft durch den Wetterfertiger und als Zuluft in den Raum geführt wird.

Die Frischluftanlagen sind auf gewisse Anwendungsgebiete beschränkt, da sie in der Anlage und auch im Betriebe wesentlich teurer
sind als Mischluft- oder Umluftanlagen. Um nämlich Zuluft zugfrei in
den Raum einzuführen, darf ihre Temperatur nicht wesentlich kühler
als die Raumluft, aber auch nicht viel wärmer sein. Dies bedingt große
Zuluftmengen, welche erfahrungsmäßig nicht zur Frischhaltung der
Raumluft — nach amerikanischer Auffassung — notwendig sind. Da
im Sommer Außenluft wesentlich wärmer und feuchter ist als die veredelte Raumluft, kann durch Ersatz eines Teiles der Außenluft durch
Raumluft an Kühlungsleistung (im Betrieb und in der Anlage) gespart
werden. Im Winter gilt sinngemäß das Umgekehrte, d. h. durch Zumischung von Raumluft zur kalten Außenluft kann an Brennstoff und
Wasserzusatz gespart werden (siehe S. 56 ff.). Überdies ist Raumluft,
die ihrerseits schon vor Eintritt in den Raum gereinigt worden ist, in
den meisten Fällen reiner als die Außenluft, besonders in Groß- und
Industriestädten. Man kann also mit kleineren Heiz- und Kühlflächen,
Luftbefeuchtern und Filtern auskommen.

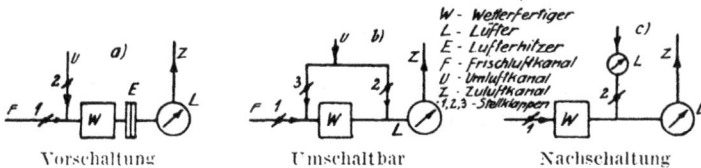

Abb. 76. Mischluft-Anlagen.

Der Frischluftbetrieb wird deshalb nur dort zur Anwendung kommen, wo die Umluftzumischung gesundheitsschädlich werden könnte, also
in Isolationsabteilungen von Krankenhäusern u. a. m., oder wo der Lüftungsanteil je Kopf so gering ist, daß er unter das empfohlene Frisch-
luftmindestmaß von 17 m³/h je Kopf fällt, oder aber in Küchen, Wasch-
anlagen, Speiseräumen, Werkräumen u. ä. m., wo Geruchbelästigung
durch Umluft unvermeidlich wäre. Bis vor kurzer Zeit waren Frischluftanlagen in vielen Bezirken die einzig zulässige Bauform für Schulen,
Pflege- und Erziehungsheime, dies ist aber vielfach überholt.

Die größte Bedeutung hat heute der Mischluftbetrieb, und ist es
aus wirtschaftlichen Gründen empfehlenswert, bei sehr tiefen Winter-
und sehr hohen Sommertemperaturen das niedrigst zulässige Maß an
Frischluft einzuführen, während in den Übergangszeiten je nach der
Außentemperatur veränderliche Frischluftmengen eingeführt werden,
um einen möglichst wirtschaftlichen Betrieb zu sichern. In Abb. 76 sind
die wichtigsten Schaltungsformen angedeutet (siehe auch Abb. 105
bis 110), es gibt aber viele, mehr oder weniger zweckmäßige Sonder-

bauformen, die aber meist auf einer der Grundformen aufgebaut sind. (Siehe auch Fußnote 1, S. 120.)

Umluftbetrieb wird — besonders im Winter — überall dort angewendet, wo verhältnismäßig wenig Menschen einen großen Raum beziehen, also in Familienhäusern, Arbeits-, Werk- und Lagerräumen u. ä. m.; in solchen Fällen ist die an sich durch die Türen, Mauerundichtheiten und allfälliges Fensteröffnen einfallende Frischluftmenge ausreichend, das erforderliche Mindestmaß an Frischluft zu liefern. Auch in solchen Anlagen sollte aber tunlich ein absperrbarer Frischlufteinlaß vorgesehen werden.

Jede der vorangeführten Hauptgruppen kann aber wieder ausgeführt werden als:

α) zentrale Luftveredlungsanlage, welche von einer gemeinsamen Maschinenanlage ein ganzes Gebäude oder größere Raumgruppen durch ein ausgedehntes Verteilungsnetz bewettert,

β) örtliche Einzelwetterfertiger, wo in jedem zu veredelnden Raume ein oder mehrere kleine Wetterfertiger angeordnet werden, die entweder kein oder nur ein sehr unbedeutendes Verteilungsnetz aufweisen, und

γ) Raumgruppenwetterfertiger, wo zwar mehrere zusammengehörige Räume von einer gemeinsamen Maschinenanlage durch ein entsprechendes Verteilungsnetz luftveredlet werden, die Gesamtanlage aber aus mehreren solchen Anlagen besteht.

Zentrale Luftveredlungsanlagen kommen überall dort zur Anwendung, wo in einem ganzen Gebäude gleichartige Verhältnisse vorherrschen. Manchmal können Abweichungen, die nur einen gewissen Teil der Anlage betreffen, durch selbsttätig oder sonstwie unabhängig von der Hauptanlage gesteuerte, in einem Abzweige des Hauptverteilungsnetzes angeordnete Nacherhitzer bzw. Nachkühler gesichert werden[1]. Das Verwendungsgebiet der zentralen Anlagen umfaßt somit die Familienhäuser, Büro-, Schul-, Kauf-, Gewerbebetriebe, Theater, Vortrags- und Musikhallen usf.

Die Einzelwetterfertiger werden hingegen dort verwendet, wo kleinere Räume innerhalb anderen Zwecken dienenden Raumgruppen bewettert werden sollen; weiter in Großräumen, wo die Kanalnetze unerwünscht sind oder zu kostspielig wären. Schließlich eignen sie sich hervorragend für Umbauten bestehender Gebäude wie Büros, Schulen und Kaufhäuser, wegen leichten Einfügens in bestehende Raumverhältnisse.

---

[1] Siehe Abb. 110; in diesem Falle wird die Luft im Luftaufbereiter unterkühlt und in den Gruppenapparaten entsprechend erhitzt.

Ähnlich werden auch Gruppenwetterfertiger angewandt. In Miets-
häusern, Erholungsheimen usf., wo Frischluftbetrieb wirtschaftlich ausgeschlossen ist, wo aber aus gesundheitstechnischen Gründen ein zen-
traler Umluftbetrieb zweckwidrig oder unerwünscht ist, erlauben sie
Umluftbetrieb innerhalb einer Wohnung oder innerhalb einer eng-
umgrenzten Raumgruppe.

3. Lufterhitzung.

Die Vorrichtungen, welche als Wärmequellen für die Lufterhitzung
dienen, sind aus der Heizungstechnik bekannt. Es kommen die verschiedensten Ausführungsformen wie Luftheizofen und die gebräuchlichen Dampf- und Warmwasserheizkessel zur Anwendung und kann
hier nur auf die einschlägige Fachliteratur[1]) verwiesen werden.

Auch die Berechnung der Verteilungsleitungen und der Bauelemente ist der allgemeinen Heizungstechnik (allenfalls den Versuchsergebnissen der Hersteller und verschiedener technisch-wissenschaft-
licher Versuchsstellen) zu entnehmen. In der Luftveredlungstechnik
muß mehr denn je auf die Möglichkeiten der Abwärmeverwertung geachtet werden.

Andeutungsweise soll hier bemerkt werden, daß u. U. das erwärmte
Kühlwasser von Kühlmaschinen (von 35° bis 40°C) durch die Nachwärmeheizkörper des Luftveredlers geleitet, die oft erhebliche Nachwärmung der unterkühlten Luft kostenlos besorgen könnte. Ist Leitungswasser billig, so kann es nachher über das Dach verregnet werden, um
dieses durch Verdunstung zu kühlen, wird aber gelegentlich durch Rieselkühler oder besondere, lüfterbetriebene Rückkühler wieder gebrauchs-
fertig gemacht. Die Zweckmäßigkeit einer solchen Anlage muß natürlich
fallweise erwogen werden.

4. Luftkühlung.

a) Luft und Wasser als Kühlquelle.

Von der Sommerkühlung der Gebäude durch natürliche Kühlquellen
wie die Speicherwirkung der Mauermassen, welche von deutschen Fachleuten gelegentlich empfohlen wird, dadurch, daß diese der kühlen Nacht-
luft ausgesetzt und tagsüber zur Kühlung der im Gebäude eingeschlossenen Luft herangezogen werden, wird in Amerika nur selten Gebrauch
gemacht, da der Skelettbau mit leichten Füllwänden außerordentlich verbreitet ist und die Verwendung der Betonkellermauern solcher Gebäude
zu diesem Zwecke unzweckmäßig ist, da die Keller durchwegs als Waren-
lager, Kraftwagenschuppen u. ä. m. dienen[2]). Unterirdische Kanäle fin-

---

[1]) Rietschel-Gröbers »Leitfaden«, Dietzs »Lehrbuch«, ferner Hottinger, Reck-
nagel u. ä. m.

[2]) Auch sind die Keller- und Mauermassen meist gering im Vergleich zum
Rauminhalt der Gebäude, da die amerikanischen Geschäftsbauwerke und Gebäude
aller Art immer mehr als Hoch- und Turmhäuser aufgeführt werden.

den ebenfalls nur geringe Verwendung zur Luftkühlung, besonders da solche in genügender Tiefe und von ausreichendem Ausmaße nur sehr selten zu haben sind. Ein Musterbeispiel einer solchen Anlage besteht in Chicago. Es ist dies ein elektrisches Untergrundlastverkehrsnetz von etwa 105 km gestreckter Länge, von 1,8 × 2,3 m Tunnelquerschnitt, das durchschnittlich 13 m unter der Straße liegt. Eine Reihe von öffentlichen und privaten Gebäuden im Stadtinnern saugt die andauernd auf 13° C vorgewärmte bzw. abgekühlte, verhältnismäßig reine Luft für Lüftungszwecke ab, wodurch Kühlung im Sommer und Vorwärmung im Winter gewährleistet wird und gleichzeitig eine gute Lüftung des Kanalnetzes gesichert wird.

Von den natürlichen Kühlquellen ist bloß die Luftkühlung mittels Leitungswasser von einiger Bedeutung[1]). In den meisten Fällen sind solche Anlagen vorteilhaft durch billige Anschaffungskosten und Einfachheit im Betriebe, wenn sie auch vielfach betriebsunwirtschaftlich sind, da in der Großzahl der amerikanischen Städte Oberflächenwasser als Gebrauchswasser verwendet wird, das verhältnismäßig warm ist, so daß auch für kleine Leistungen große Wassermengen benötigt werden. Es ist leicht verständlich, daß im Falle von Kühlung und im Sommer auch meist gewünschter Lufttrocknung Flächenkühler einen wirtschaftlicheren Betrieb sichern werden als Luftwäscher, u. U. die einzige Ausführungsmöglichkeit bieten. Die Kühlflächen sind recht erheblich und immer ein Mehrfaches der für Winterbetrieb benötigten Lufterhitzer, da der Temperaturunterschied zwischen Kühlwasser und Zuluft sehr gering ist.

Hieraus folgt auch, daß der Betrieb von Warmwasser- oder Dampfheizungsanlagen mit Leitungswasser, als Kühlanlagen nur selten ausreichen wird; es müssen obendrein in solchen Anlagen alle Heizkörper mit Tropfschalen und Sielanschluß versehen werden und sind wegen dauernden Schwitzens unreinlich und unschön.

Die Luftkühlung mittels Leitungswasser, selbst wenn dieses nicht sehr kalt ist, hat dort einige wirtschaftliche Bedeutung, wo größere Mengen Wasch- oder Gebrauchswasser benötigt werden, wie in vielen gewerblichen Betrieben, Kaufhäusern, Hotels usf., besonders wenn an sich eine Lüftungsanlage notwendig erscheint, da diese dann entsprechend kleinere Ausmaße annehmen kann. In diesem Falle leitet man das Leitungswasser vorerst durch die Kühlflächen der Wetterfertiger und von dort zu den Verwendungsstellen; ein selbsttätiger Temperaturregler sorgt dafür, daß

---

[1]) Obwohl die Verwendung von Wassersprühung von Dächern und u. U. von Wänden von Gebäuden, wie auch von Oberlichten und Glaswänden von Operationsräumen, Ateliers u. a. m., und auch Fenstern, weiters das Bedecken von flachen Dächern mit einer Schicht Wasser — während der heißen Jahreszeit — nicht in das Bereich der Luftveredlung gehört, muß diesen Kühlungsformen einige Beachtung geschenkt werden, da hiedurch an Kühllast und somit an Anlage- und oft auch an Betriebskosten der Wetterfertiger gespart werden kann. (Die Wasserschicht muß natürlich außen sein.)

das erwärmte Wasser versielt wird, sofern nicht genügende Mengen durch das Verbrauchsnetz abgehen und es sich in den Kühlflächen staut Abb. 77). Solche Anlagen arbeiten besonders gut, wo die Höhe des Gebäudes oder ungenügender Leitungsdruck die Verwendung eines Hochbehälters mit entsprechender Speisepumpe notwendig machen, da dann ohne große Mehrkosten das zu versielende Wasser in einem schwimmergesteuerten Zwischenbehälter aufgespeichert werden kann, von wo es von der Pumpe nach Bedarf hochgespeist wird.

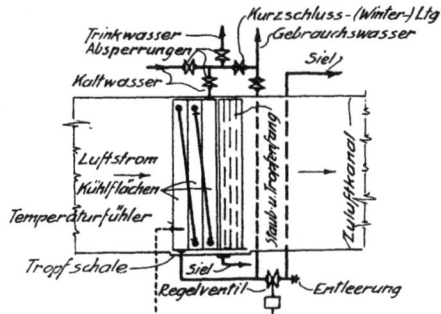

Abb. 77. Luftkühlung mittels Leitungswasser.

Es ist selbstverständlich, daß in solchen Anlagen das im Gebäude allfällig notwendige Trinkwasser vor den Kühlflächen abgenommen, nach Bedarf vielleicht noch gekühlt und zu den einzelnen Trinkwasserzapfstellen gefördert wird, sofern man nicht Brunnen- oder Quellwasser anderweitig beschafft.

Im allgemeinen wird man in der Luftveredlungstechnik zwecks Kühlung entweder zu natürlichem, künstlich gespeicherten oder zu Kunsteis greifen müssen oder irgendeine Kühlmaschine verwenden; es wird weiter möglich sein, die Luft unmittelbar durch Berührung mit dem Eis oder dem Verdampfer der Anlage oder oft vorteilhafter, mittelbar durch Zwischenschaltung eines »Kälteträgers« zu kühlen. Lufttrocknung mittels chemischer, hygroskopischer Mittel mit allfälliger Nachkühlung hat nur eine geringe Bedeutung.

b) Kühlung mittels Eis.

Wo Eis billig zu haben ist, kann es zur Luftkühlung herangezogen werden. Man wird sich allerdings auf kleine Anlagen wie Familienhäuser beschränken, wenn auch ausnahmsweise kleinere Geschäftshäuser, Gastwirtschaften verschiedenster Größe, kleine Lichtspielhäuser, Vortragssäle u. a. m. und in letzter Zeit auch mehrere Überlandzüge mit Eiskühlung der Luft ausgerüstet worden sind. Die Kühlung geschieht bis auf wenige Ausnahmen durchweg zentral.

Die einfachste Bauform ist die unmittelbare Kühlung der Luft; ein Teil der zu kühlenden Luft wird durch einen gut wärmegeschützten Eiskasten mit darauffolgendem Tropfenfang geleitet, wo sie gekühlt und allfällig getrocknet wird, worauf sie dem Hauptluftstrome zugemischt wird. Eine Stellklappe, die vorteilhaft durch einen im Hauptkanale oder im bewetterten Raume angeordneten selbsttätigen Regler gesteuert wird, regelt die Luftmenge, welche durch den Kühler geht, nach Maßgabe der Eismenge und der Raumtemperaturverhältnisse (Abb. 78).

Verläßlicher sind die mittelbaren Kühlanlagen (Abb. 79). Das im wärmegeschützten Eiskasten befindliche Eis wird mit dem Überlaufwasser aus einem darüber angeordneten Luftwäscher gesprüht. Das Schmelzwasser wird durch eine Pumpe in die Düsen des Luftwäschers gepreßt und in den Luftstrom zerstäubt, wodurch die Luft gekühlt und getrocknet wird.

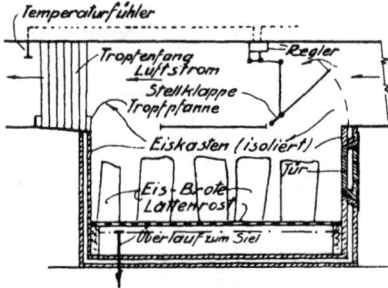

Abb. 78. Unmittelbare Eiskühlung.

Ein vom Luftstrome beeinflußter Temperaturfühler steuert ein Regelventil derart, daß bei Unterschreiten einer bestimmten Temperatur das Überlaufwasser aus dem Luftwäscher unmittelbar, durch eine Kurzschlußleitung zur Pumpe bzw. zum Wassersammler des Eiskastens fließt und so die Luft mit bereits etwas vorgewärmtem Wasser gewaschen wird. Der Wasserleitungsanschluß ist lediglich eine Sicherheitsmaßnahme

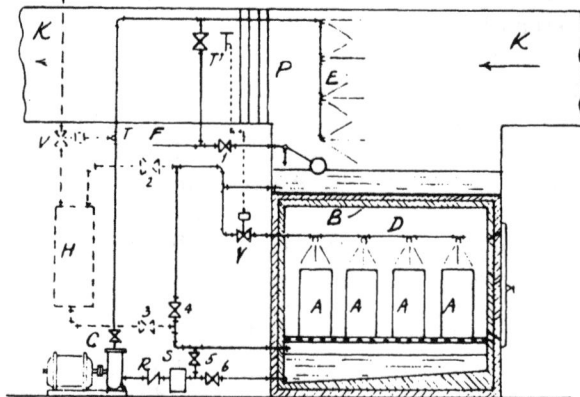

A = Eisbrote, B = Eiskasten, C = Umwälzpumpe, K = Lüftungsnetz. D = Streudüsen, E = Kühldüsen, P = Tropfenfang, F = Wasserleitung, T = Temperaturfühler, V = Regelventil. H = Heizkörper (für Winterbetrieb), S = Schlammfang. R = Rückschlagklappe. 1 bis 6 = Absperrungen.

Abb. 79. Mittelbare Eiskühlung.

solange gekühlt wird, dient aber in der kühleren Jahreszeit der Luftwaschung, wobei dann auch der, in der Abbildung eingestrichelte Gegenstromapparat zwecks allfälliger Luftbefeuchtung in Betrieb genommen werden kann.

Ist es aus baulichen Gründen unmöglich, den Luftwäscher genügend hoch über dem Eiskasten anzuordnen, muß außer der Kaltwasserpumpe auch noch eine Warmwasserpumpe vorgesehen werden, welche das Waschwasser aus dem Luftwäscher in den Eiskasten fördert (Abb. 80);

die Verwendung von Leitungswasser als Waschwasser spart zwar die
Anlage- und Betriebskosten der Pumpen, da es aber meist wärmer
sein wird als das Überlaufwasser aus dem Luftwäscher, so wird einerseits der Eisverbrauch steigen und es werden anderseits die Wasser-
kosten hinzukommen.

Manchmal behilft man sich in Bewetterungsanlagen, die nicht für
Kühlung geplant waren dadurch, daß man in dem Wassertrog des Luftwäschers nach Bedarf Eis
unterbringt. Die Regelung
ist dann aber recht schwierig und der Betrieb ist nicht
wirtschaftlich. Wo auch im
Sommer Dampf oder Warm-
wasser zu haben ist, kann
die Regelung, wie vorer-
wähnt, derart selbsttätig
ausgestaltet werden, daß

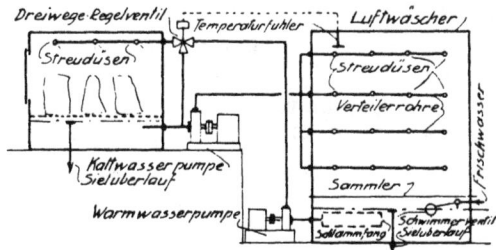

Abb. 80. Mittelbare Eiskühlung.

man einen der Nachwärmeheizkörper, der selbsttätig gesteuert wird,
in Betrieb nimmt und so die allfällig unterkühlte Luft auf die gewünschte Temperatur bringt. Eine bessere Ausführung ist dann aber
die Anordnung eines Sprührohres über dem Eis, welches selbsttätig von
einem Temperaturregler gesteuert wird und ähnlich den vorbesprochenen
Ausführungen mit Eiskasten arbeitet.

Alle vorangeführten Bauformen lassen eine Feuchtigkeitsregelung
ohne Nacherhitzung nur in engen Grenzen zu. In Anlagen mit Wasserzerstäubung kann allerdings ein Teil der Zuluft unterkühlt und der Rest
am Wäscher vorbeigeführt werden, diese Ausführung bedarf aber bedeutend mehr Raum (ähnlich Abb. 76). Der Trockentemperaturfühler wird
hier beispielsweise die Menge des Sprühwassers regeln, während der Feuchtigkeitsregler das Mischverhältnis der beiden Luftströme steuern wird.

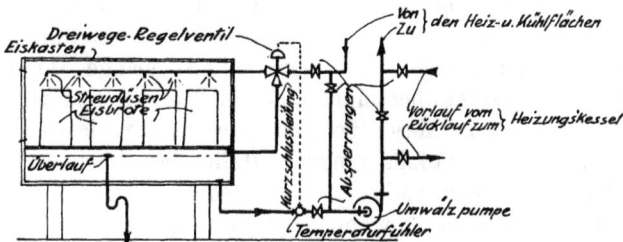

Abb. 81. Kühlung mittels Raumheizkörper.

Luftkühlung mittels Raumheizkörper ist wegen Schwitzens und
Schmutzens, der Entwässerung der unentbehrlichen Tropfschalen u.a.m.,
auch hier nicht empfehlenswert; eine gelegentlich gebräuchliche Anordnung ist in Abb. 81 dargestellt.

c) Kühlung mittels Kühlmaschinen.

Die Grundlage der Kühlmaschinen bildet der zweite Hauptsatz der Wärmelehre, der besagt, daß Wärme von einem kälteren an einen wärmeren Körper nur unter Aufwand von Arbeit, welche eine Zustandsänderung bedingt, übergehen kann und umgekehrt. Wird also ein stark verdichtetes Gas plötzlich entlastet, so wird es sich unter Aufnahme von großen Wärmemengen ausdehnen, hingegen wird bei Verdichtung des Gases Wärme frei. Die Verdichtung wird in mechanischen Verdichtern oder in geheizten Generatoren vorgenommen. Als Kältemittel kommen Ammoniak (NH_3), Schwefeldioxyd (SO_2), Methylchlorid (CH_3Cl), Kohlendioxyd (CO_2) und in letzter Zeit, hauptsächlich in der Luftveredlung besondere Niederdruckkältemittel wie Dielin ($C_2H_2Cl_2$), Carrene (CH_2Cl_2), Freon (CCl_2F_2) u. a. m.[1])[2]).

Kühlwasseraustritt — Verflüssiger — Verdichtetes (Gas) Kühlmittel — Verflüssigtes Kühlmittel — Aufnehmer — Kühlwasser-Eintritt — Eintritt von Warmwasser vom Luftveredler — Regelventil — Verdichter — Verdampfer — Gekühltes Wasser zum Luftveredler — Motor — Entlastetes (Gas) Kühlmittel

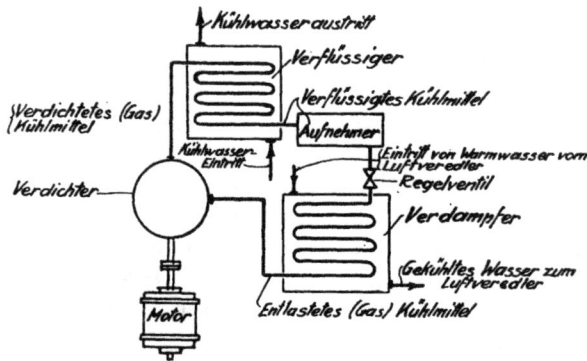

Abb. 82. Verdichter-Kühlmaschine.

Die größte Bedeutung hatte in der Kältetechnik das Ammoniak angenommen. Seine Vorteile sind die verhältnismäßig niedrigen Verdichterdrücke, kleine, notwendige Verdichtergrößen, geringe Mengen des Kältemittels für gegebene Leistungen und, da es einen auffallenden Geruch hat und sich außerordentlich leicht mit Wasser bindet, verhältnismäßig gefahrloser Betrieb, trotzdem schon geringe Mengen in der Atemluft gesundheitsschädlich sind. Schwefeldioxyd bedarf für gleiche Leistungen viel größerer Maschinen, ist aber sehr verlässig und widerstandsfähig und hat ebenfalls einen auffallenden Geruch; es kam in kleinen Anlagen zur Verwendung. Das Methylchlorid bedarf größerer Verdichter als das Ammoniak, wenn sie auch kleiner sind als die Schwefeldioxydmaschinen.

Kohlendioxyd kommt wegen der außerordentlich hohen Verdichterdrucke und somit schweren, erforderlichen Maschinen, Leitungen und

---

[1]) Die letztgenannten sind Handelsnamen, die sich rasch verbreiten.

[2]) Die Verwendung des Wasserdampfes als Kältemittel soll wegen ihrer außerordentlichen Bedeutung in der Wetterfertigung besonders besprochen werden.

Bauelemente selten zur Anwendung; sein Hauptanwendungsgebiet waren Theater, öffentliche Gebäude, Kaufhäuser u. ä. m., da es in geringen Mengen eingeatmet harmlos ist und auch nicht brennbar oder zerknallbar ist.

Alle diese Kältemittel werden in der Regel in Kolbenverdichtern verdichtet, ein Umstand, der in der Luftveredlungstechnik wegen Lärmbildung nicht willkommen ist.

Die Carriersche Lufttechnische Gesellschaft wandte sich dem Carrene zu, welches weder brennbar noch zerknallbar und in kleinen Mengen gesundheitlich unschädlich ist; es hat aber den Nachteil, daß es eine verhältnismäßig große Verdichteranlage bedingt. Versuche mit anderen Kältemitteln führten zur Entwicklung des Carrene Nr. 2 ($CHFCl_3$) und dessen Verwendung in Kreiselverdichtern (Abb. 82a) mit deren Vorteilen wie ruhigeren Betrieb, Sicherheit u. a. m.

Das Idealkältemittel der Luftveredlung scheint aber derzeit das Freon zu sein, da es nicht brennbar und zerknallbar, gesundheitlich harmlos und nicht korrodierend ist. Die hiefür notwendigen Maschinenanlagen sind nur unwesentlich größer als

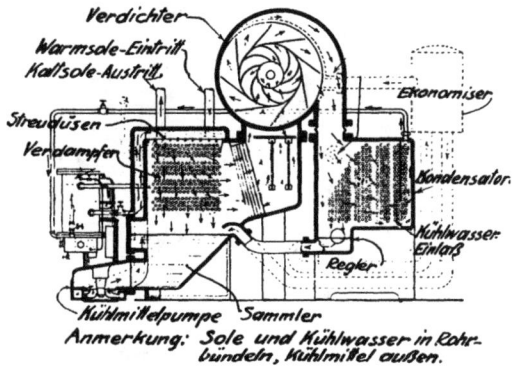

Abb. 82 a. Kreiselverdichter-Kühlmaschine.

für Ammoniak und wesentlich kleiner als für Schwefeldioxyd oder Methylchlorid. Die Freon-Anlagen haben in den letzten Jahren einen wahren Siegeszug in der Klimatechnik angetreten und weichen lediglich in Gewerbebetrieben gelegentlich anderen Bauformen.

In Abb. 82 ist eine einfache Kälteanlage dargestellt, und sie besteht grundsätzlich aus einem Verdichter, in welchem das dampfförmige Kühlmittel auf einen hohen Druck zusammengepreßt und gleichzeitig erwärmt wird, worauf es im Verflüssiger Wärme an einen Kühlluft- oder Kühlwasserstrom abgibt und kondensiert. Vom Verflüssiger gelangt es in einen Aufnehmer, aus welchem es nach Bedarf durch ein Regelventil in den Verdampfer gesaugt wird; und da dieser an die Saugleitung des Verdichters angeschlossen ist und mithin einen hohen Unterdruck aufweist, muß das flüssige Kühlmittel hier unter Wärmeentzug aus dem es umgebenden Wasser- bzw. Luftstrome verdampfen. Schließlich wird dieser Dampf in den Verdichter zurückgesaugt und wiederholt den Kreislauf.

Der Einbau der Kühlmaschine in das Luftveredlungssystem geschieht unmittelbar — durch Einbau des Verdampfers in den Zuluft-

strom (Abb. 83) — oder mittelbar — durch Verwendung eines Kälteträgers wie Sole, Wasser usf. (Abb. 84 und 85). Vor der Verbreitung
der besonderen, vorgenannten Kühlmittel wie Carrene, Freon u. a. m.
wurde mit wenigen Ausnahmen zur mittelbaren Kühlung gegriffen, da
man sich scheute, den Verdampfer in den Zuluftstrom zu setzen, als
eine allfällige Undichtheit hätte gefährlich werden können. Auch
waren die gebräuchlichen Kühlmitteltemperaturen im Verdampfer derart tiefe, daß Reifbildung mit ihren Nachteilen unvermeidlich war. Und
schließlich mußten
auch erst zweckent-
sprechende, als Ver-
dampfer verwendbare
Kühlflächen entwik-
kelt werden. Alle diese
Schwierigkeiten sind
derzeit überkommen
und die unmittelbare
Kühlung der Zuluft ver-
breitet sich rasch. Allerdings weist sie noch
den Nachteil schwieri-
gerer Regelung auf,
wenn auch hier allmäh-
lich neue und bessere
Anlagen entstehen.

Es ist gebräuch-
lich, solche Maschinen
in Größen von 15 000
bis 60 000 kcal/h Kühl-
leistung — bei Ver-
dampfertemperaturen
von etwa $+ 7^{\circ}$ C
— zu bauen und
nach Bedarf zwei und
mehrere solche Ma-
schineneinheiten zu-
sammenzubauen[1]). Die
Anpassung der Kühl-

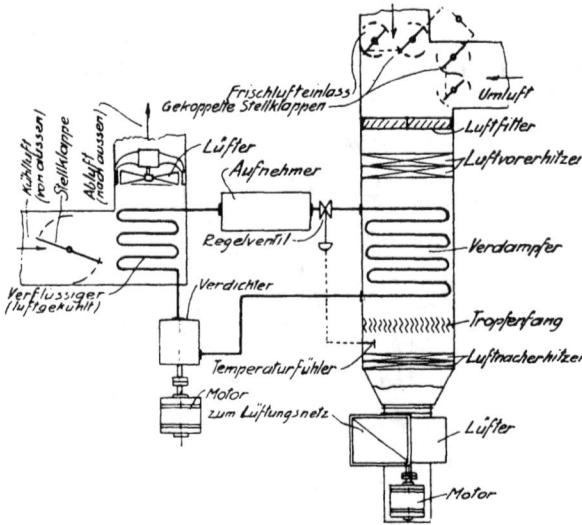

Abb. 83. Unmittelbare Luftkühlung.

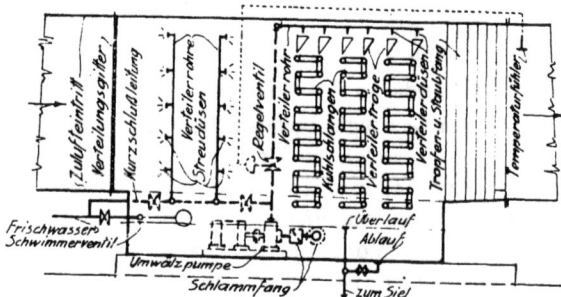

Abb. 84. Mittelbar-unmittelbare Luftkühlung.

leistung an die Betriebsverhältnisse erfolgt durch In- und Außerbetriebnahme der einzelnen Einheiten, was gelegentlich noch durch Ab-

---

[1]) In letzter Zeit sind solche Maschinen bis zu 120 000 kcal/h Kühlleistung ent-
wickelt worden. Der Aufbau solcher Maschinen aus gleichartigen Einheiten von 15 000
bis 20 000 kcal/h mit gemeinsamem Antriebsmotor, läßt eine weitgehende Normalisierung und allfällige Verbilligung durch Massenherstellung der Bestandteile usw. zu.

stufung der Drehzahlen der Maschinen verfeinert wird. Dies kann von Hand oder mittels selbsttätig gesteuerter Schalter oder Kupplungen geschehen und ist um so genauer, je größer die Zahl der Einheiten ist. Jede Maschine erhält ihren eigenen Verdampfer.

Die einfachste Bauform (Abb. 84) der mittelbaren Kühlung verwendet im Luftstrome angeordnete Kühlflächen (mittelbar-unmittelbar), durch welche gekühltes Wasser — selten Sole — geleitet wird. Ein Teil dieser Kühlflächen wird u. U. im Winter als Lufterhitzer verwendet. (Diese Kühlflächen sollten gut rostgeschützt werden, da das Schwitzwasser sehr korrodierend ist. Für schmiedeeiserne Kühlflächen hat sich der dauerhafte Kadmiumbezug bewährt.) Eine hervorragende Bedeutung nimmt aber die Waschwasserkühlung für Luftwäscheranlagen an. Eine solche Ausführung einschließlich der Waschwasservorwärmung für Befeuchtung und eines allfälligen Vorkühlers ist in Abb. 85 dargestellt. Das ablaufende Waschwasser aus dem Luftwäscher tritt in die Kühlkammer, wo es über die Kühlschlangen rieselt und sich abkühlt. Die Luftwäscherpumpe preßt es dann durch die Streudüsen, von wo es den Kreislauf neu beginnt.

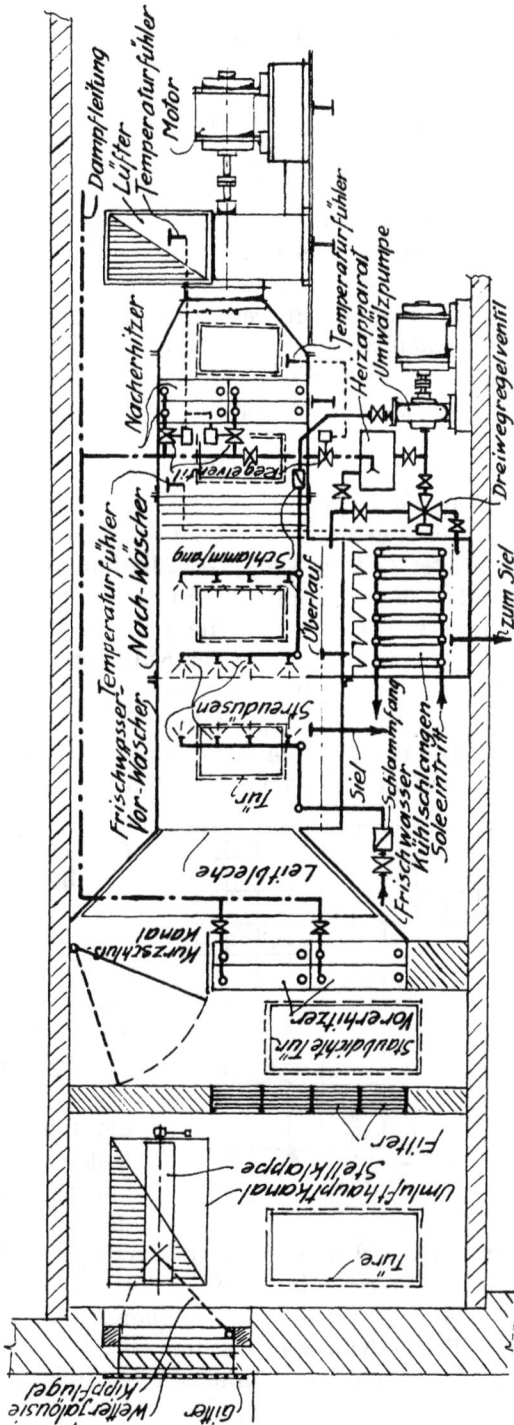

Abb. 85. Klimaanlage.

Wie bei der Eiskühlung (s. S. 96), so kann auch hier nach Bedarf die Pumpe unmittelbar aus dem Luftwäschersammler saugen, falls eine nur geringe Kühlwirkung verlangt wird. Ein selbsttätiger Temperaturregler kann zur Steuerung des Dreiwegeventiles in der Saugleitung der Pumpe herangezogen werden. Auch hier gilt, daß dort, wo aus baulichen Rücksichten der Luftwäscher nicht über dem Kühler angeordnet werden kann, eine Warmwasserpumpe angewendet werden muß, welche das Waschwasser aus dem Luftwäscher über die Kühlschlangen fördert, falls man nicht zur mittelbar-unmittelbaren Kühlung (Abb. 84) greift. Die Anordnung ist sinngemäß wie bei Eiskühlung. Es gibt auch besonders niedrig gebaute Luftwäscher, deren Untersatz die Kühlschlangen enthält und der sich grundsätzlich nicht von der vorbesprochenen Ausführung unterscheidet.

d) Die Dampfstrahlkühlung.

In Gewerbebetrieben, wo größere Mengen Dampfes abfallen und auch überall dort, wo Dampf und Wasser billig zu haben ist, hat sich in letzter Zeit die Dampfstrahlkühlung für Luftveredlungszwecke durchgesetzt; diese Strömung wird auch durch verschiedene Fern- und Städteheizwerke unterstützt, die sich eine größere Sommerbelastung durch eine Verallgemeinerung der Kühlung mittels Dampf sichern wollen und deshalb für Luftveredlungszwecke außerordentlich niedrige Sommerdampfpreise festgelegt haben.

Die theoretische Grundlage dieser Kühlmaschine ist alt und sie beruht auf der Tatsache, daß Wasser bei Drücken unterhalb des Atmosphärendruckes bei niedrigeren Temperaturen als 100° C verdampft und hiezu die hohe Verdampfungswärme aufgewandt werden muß, die am einfachsten dem allfällig zurückbleibenden Wasserkörper entzogen werden kann. Nun hat Boyle bereits im 17. Jahrhundert gezeigt, daß Wasser im Receiver einer Luftpumpe bei Unterdruck gekühlt werden könne, es hat aber erst Parsons um die Jahrhundertwende auf die Möglichkeit verwiesen, die Dampfstrahlpumpe zur Schaffung des zur Kühlung notwendigen Unterdruckes zu verwenden, während um 1910 Leblanc die erste brauchbare Dampfstrahlkühlanlage zur Ausführung brachte.

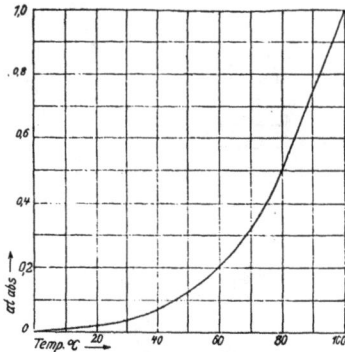

Abb. 86. Unterdruckdampftemperaturen.

Aus Abb. 86 ist zu ersehen, daß die mittels Unterdruckdampfes erzielbaren Kühltemperaturen oberhalb des Gefrierpunktes liegen müssen, so daß sich diese Kühlmaschinen nur dort eignen, wo mit verhältnismäßig hohen Temperaturen ausgekommen werden kann, um so mehr, als mit abnehmender geforderter Kühltemperatur der Dampf- und Kondenswasserverbrauch unverhältnismäßig zunimmt.

· Eine gebräuchliche Ausführung der Dampfstrahlkühlmaschine, wie sie für Luftveredlungszwecke u. ä. m. verwendet wird, ist in Abb. 87 dargestellt. Sie besteht aus einer Dampfstrahlpumpe *1* mit einer oder mehreren Düsen, durch welche Dampf mit hoher Geschwindigkeit in

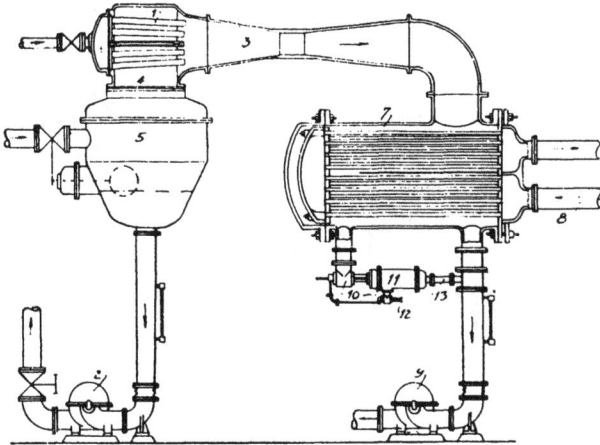

Abb. 87. Dampfstrahl-Kühlanlage.

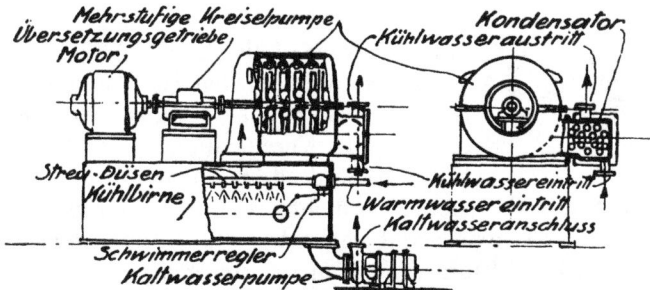

Abb. 88. Zentrifugal-Wasserkühlanlage.

ein Aufnehmerrohr *3* austritt, an welches eine teilweise wassergefüllte, gut wärmegeschützte Kühlbirne *5* anschließt, aus der vorbeistreichender Dampf durch das Rohr *4* vorerst Luft und nach Schaffung eines Unterdruckes Wasserdampf mitreißt und so darin allmählich einen bedeutenden Unterdruck schafft. Das verdampfende Wasser muß die notwendige Verdampfungswärme der Umgebung entziehen, und da die Kühlbirne wärmegeschützt ist, muß das darin zurückbleibende Wasser dazu herangezogen werden und kühlt deshalb bis nahe der, dem erzeugten Unterdrucke zugeordneten Siedetemperatur herab. Das Kaltwasser wird mittels einer Umwälzpumpe *2* zur Verwendungsstelle befördert, während ein Schwimmerregler zu kühlendes Wasser in die Kühlbirne nachspeist.

Der Dampf und die darin allfällig enthaltene Luft gelangt durch eine Gruppe von Venturidüsen *3* großen Querschnittes, die als Rückstausicherung dienen, in einen Kondensator *7*, wo derselbe mittels Leitungs-, Quell- oder rückgekühltem Wasser *8* oder mittels vorbeistreichender Luft niedergeschlagen wird und durch eine Pumpe *9* zur Kesselgrube oder in den Kühlwasserrücklauf befördert wird. Eine zweistufige kleine Dampfstrahlpumpe *10* und *12*, allfällig mit einem Nachkondensator *11* verbunden, scheidet die angesammelte Luft aus dem Wasser aus; (auch jede andere übliche Bauart von Kondensatoren und Luftpumpen kann mit Erfolg verwendet werden).

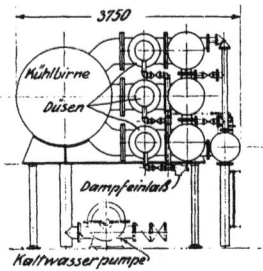

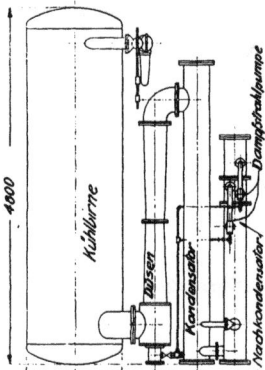

Bis in die letzten Jahre verwendete man die Dampfstrahlkühlanlagen nur dort, wo Hoch- oder Mitteldruckdampf (Heizungshochdruckdampf) erhältlich war. In neuester Zeit sind aber auch gute Erfolge mit Niederdruckdampfanlagen von 0,4 bis 0,8 atü erzielt worden.

Die Dampfstrahlkühler nehmen in Großluftveredlungsanlagen vielerorts rasch die Stellung ein, welche bislang den Verdichtermaschinen eingeräumt worden ist. Als besondere Vorteile sind zu nennen — außer der schon vorerwähnten Verwendung von Abfalldampf, billigem Städtedampf usf. —, daß die in Anschaffung und Betrieb teueren Verdichter entfallen, deren Schallschutz in der Regel einige Schwierigkeit bereitet und das Abhandensein giftiger oder physiologisch wirksamer Kühlmittel, die gelegentlich in das Lüftungsnetz eintreten und schwere Gesundheitsschädigungen der im Gebäude anwesenden Menschen verursachen könnten; nachteilig ist hingegen der verhältnismäßig große Kühlwasserverbrauch, der in großen Anlagen manchmal zur Errichtung eigener Brunnen oder zur Einschaltung von Kondensatkühltürmen führt.

Außer den Dampfstrahlkühlmaschinen sind auch Unterdruckdampfkühler erhältlich, in denen der notwendige Unterdruck in der Kühlbirne mittels einer vielstufigen, dampfturbinenbetriebenen (seltener elektrisch) Kreiselnaßluftpumpe erzeugt wird (Abb. 88). Trotz der hohen Umdrehungszahlen solcher Pumpen, welche sich auf 7000 bis 10000 Umdr./min belaufen, arbeiten sie meist ruhiger als die Kolbenverdichter

Abb. 89.
Dampfstrahl-Großkühler.

der Verdichterkühlmaschinen. Gegenüber den Dampfstrahlkühlern weisen sie einen erheblich geringeren Kühlwasserverbrauch auf.

Die Einfügung von Dampfkühlmaschinen in eine Luftveredlungsanlage erfolgt durch ihre sinngemäße Einschaltung in die verschiedenen vorerwähnten Schaltbilder. Der Zusammenbau eines Dampfstrahlkühlers mit einem Luftwäscher ist in Abb. 90 wiedergegeben und ist selbsterklärend. Der in Abb. 89 dargestellte Großkühler von 525 000 kcal/h Kühlleistung überrascht durch seine Einfachheit und durch die Gedrängtheit der Anlage.

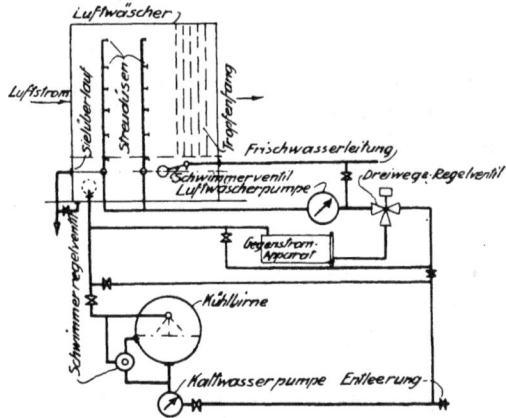

Abb. 90. Dampfstrahl-Wetterfertiger.

e) Die Wärmepumpe.

Die Verwendung von Kühlmaschinen zur Heizung von Gebäuden wurde bereits im Jahre 1852 von dem berühmten englischen Physiker Lord Kelvin angedeutet[1]), obzwar sie auch heute noch nicht der Versuchsstufe entwachsen ist und nur bei außerordentlich günstigen Vorbedingungen eine wirtschaftliche Lösung ergibt.

Die Heizungswärmepumpe oder umkehrbare Kühlung ist grundsätzlich eine Kühlmaschine, deren Verdampfer sich in einem unendlich großen Wärmespeicher von niedriger Temperatur befindet, während der Kondensator sich in dem zu erwärmenden Mittel von höherer Anfangstemperatur befindet. Das im Verdampfer bei niedrigem Drucke verdampfende Kühlmittel nimmt aus dem Wärmespeicher die notwendige Verdampfungswärme auf und gibt diese beim Niederschlagen im Kondensator an die Umgebung ab.

Als Wärmespeicher für die Wärmelieferung bedient man sich meist der Außenluft oder eines Wasserbeckens, während es aus technischen Gründen vorteilhaft ist, den Kondensator unmittelbar in die zu beheizende Raumluft zu setzen; dies wird am besten durch seine Anordnung in der zentralen Luftkammer einer, das Gebäude beheizenden Warmluftanlage erzielt.

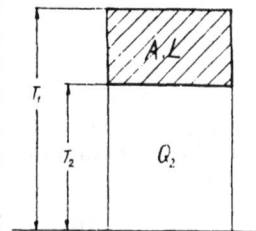

Abb. 91. Kreisvorgang.

---

[1]) »Heating and Cooling of Buildings by Means of Currents of Air.« Glasgow Phil. Soc. Proc., 3. Dez. 1852.

Grundsätzlich ist die Heizungswärmepumpe ein Wärmekreisvorgang (Abb. 91), dessen Leistungsziffer sich ergibt zu:

$$\eta = \frac{Q_1}{Q_1 - Q_2} = \frac{T_1}{T_1 - T_2} \quad \cdots \cdots \cdots (26)$$

worin T_1 die absolute Heizmitteltemperatur in ^{0}C, Q_1 die dem Heizmittel zugeführte Wärmemenge bzw. Nutzwärme in kcal/h, T_2 die absolute Speicher- bzw. Außentemperatur in ^{0}C, Q_2 die dem Speicher entnommene Wärmemenge bzw. Wärmegewinn in kcal/h und $Q_1 - Q_2 = A \cdot L$ die theoretisch von der Antriebsmaschine geleistete Arbeit in kcal/h bedeutet.

Hieraus ist ersichtlich, daß die Leistungsziffer bei gleichbleibender Speicher- bzw. Außentemperatur T_2 mit abnehmender (mittleren) Heizmitteltemperatur T_1 zunimmt, woraus sich sofort die vorerwähnte besondere Eignung der Warmluftheizung als Wärmepumpe ableiten läßt, da hier die mittlere Temperatur T_1 der Heizluft in der Regel nur wenig höher sein wird als die Raumlufttemperatur, während die Warmwasser- und die Dampfheizungen eine hohe Übertemperatur verlangen.

Der offensichtliche Vorteil der Heizungswärmepumpe ist die große Nutzwärme, die unter günstigen Vorbedingungen ein Vielfaches der geleisteten Arbeitswärme werden kann und so die Möglichkeit bieten dürfte, die Heizung mittels teuerer Betriebsmittel wie Elektrizität, Gas u. ä. m. betriebswirtschaftlich zu gestalten, oder die Heizung mittels der gebräuchlichen Brennstoffe weiter zu verbilligen und außerdem eine Anlage liefern dürfte, die im Winter heizen und im Sommer durch Umkehrung der Vorgänge, ohne zusätzliche Anlagekosten, kühlen würde. Theoretisch ergibt sich beispielsweise für eine Heizmitteltemperatur von 47^0 C und eine Außentemperatur von 7^0 C eine Leistungsziffer von $\eta = \frac{280}{40} = 7{,}0$, d. h. vergleicht man die Betriebskosten einer unmittelbaren verlustlosen Heizung für diese Vorbedingungen mit einer ebenfalls verlustlosen Wärmepumpe, so dürfte der Betriebsstoff bzw. die Betriebskraft der Wärmepumpe das Siebenfache des unmittelbar verfeuerten Brennstoffes sein, um noch gleiche Wirtschaftlichkeit zu sichern, sofern von den allenfalls verschiedenen Anlage- und Erhaltungskosten beider Anlagen abgesehen wird.

Tatsächlich sind aber die erreichbaren Leistungsziffern wegen der niedrigen, thermischen Wirkungsgrade der hier verwendbaren Maschinen weitaus niedriger; eine solche Anlage, die unter günstigen Vorbedingungen (in Kalifornien) arbeitet, weist Gesamtleistungsziffern von 1,74 bis 1,98 auf, und die Anlage kann nur deshalb als wirtschaftlicher Erfolg gelten, weil die Winter sehr kurz, die tiefsten Wintertemperaturen sehr hoch und die Sommer lang und heiß sind, so daß in diesem Falle die Anlage den größeren Teil des Jahres als Kühlanlage arbeitet.

Diese Luftveredlungsanlage enthält eine Methylchlorid-Kühlmaschine von 360000 kcal/h Kühlleistung, welche aus einem elektrisch betriebenen

Kreiselverdichter C mit entsprechendem Verdampfer V und Kondensator K, einem zweistufigen Luftwäscher W, einem Lufterhitzer von etwa 1000 m² Heizfläche, Rieselkühler T, Pumpen usf. besteht. Allerdings befindet sich der Verdampfer in diesem Falle nicht unmittelbar in der Außenluft, sondern, falls geheizt wird, wird er von Wasser umströmt, welches vom Rieselkühler (in diesem Falle hieße es richtiger Rieselheizvorrichtung) kommt, wo es die Temperatur der Außenluft angenommen hat, während es gekühlt vom Verdampfer wieder heraufbefördert wird. Hieraus folgt, daß sich diese Anlage nur für Außentemperaturen oberhalb

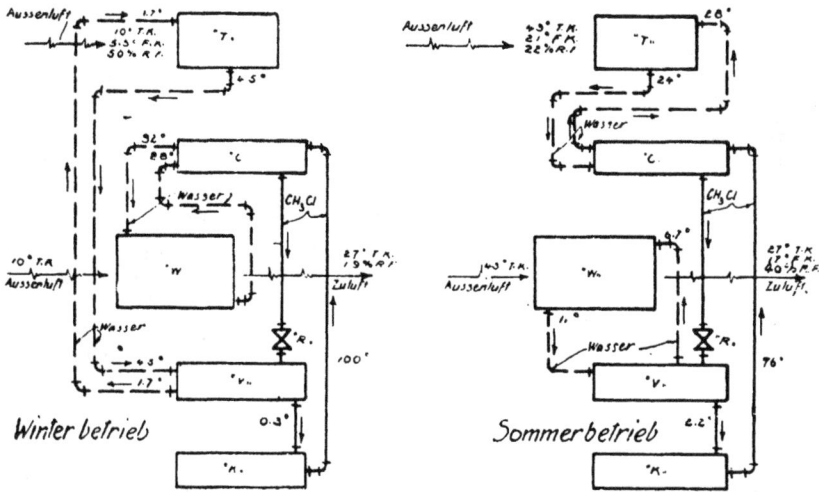

Abb. 92. Schaltbilder einer umkehrbaren Heizung.

des Gefrierpunktes eignet, was bislang von den ausgeführten Anlagen ganz allgemein gilt, da auch mit unmittelbar der Außenluft ausgesetzten Verdampfern bei tiefen Außentemperaturen Reif- und Eisbildung und Betriebsschwierigkeiten unvermeidlich werden. Kennzeichnende Betriebsverhältnisse dieser Anlage für Sommer- und für Winterbetrieb sind in den Schaltbildern Abb. 92 gegeben, und man ersieht hieraus, daß die Wintertemperatur des Kühlmittels in der Verdichtersaugleitung mit Rücksicht auf Eisbildung + 0,3° C gehalten wird[1]). (Allerdings läßt sich das gebildete Eis auf einfache Art abschmelzen, dadurch wird aber die Leistungsziffer durch Betriebsunterbrechung bzw. Umkehrung weiter herabgesetzt.)

Hieraus folgt, daß die Wärmepumpe in heutiger Form entweder nur in Gebieten wirtschaftlich verwendbar sein wird, wo die Außentemperatur äußerst selten den Gefrierpunkt erreicht, wo die Kraft sehr billig oder wo ein ausreichendes Wasserbecken den notwendigen Wärme

---

[1]) »Refrigerating Data Book 1934—1936« Verl.: Amer. Soc. of Refrigerating Engineers; New York, 1934.

speicher von geeigneter Temperatur liefert. Weitere Möglichkeiten bieten allerdings derartige Anlagen, die an Stelle von elektrisch angetriebenen Verdichtern, Öl-, Gas- und Dampfmaschinen oder fallweise durch örtliche Verhältnisse bedingte, im Betriebe billige Antriebsmaschinen verwenden. Solche Anlagen, verbunden mit weitgehendster Abwärmeverwertung, könnten eine derart hohe Leistungsziffer erreichen, daß das allfällig notwendige stoßweise Austauen des Verdampfers bei tiefsten Wintertemperaturen, ihre Wirtschaftlichkeit nicht wesentlich beeinflussen könnte. Von den vielen im amerikanischen Fachschrifttum in

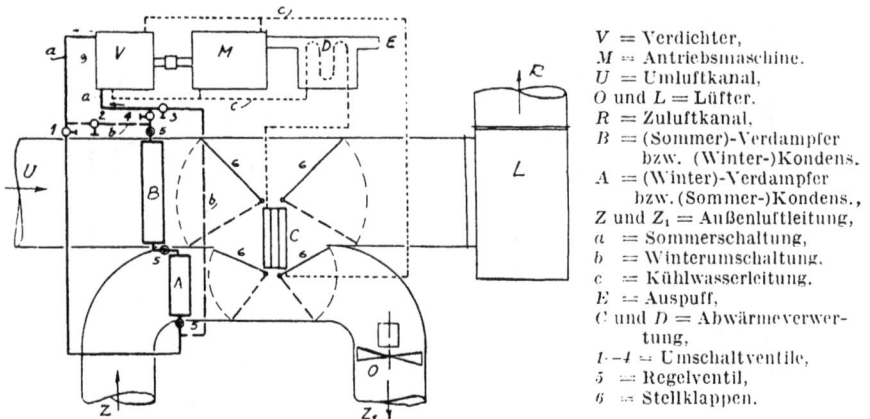

V = Verdichter,
M = Antriebsmaschine.
U = Umluftkanal,
O und L = Lüfter.
R = Zuluftkanal,
B = (Sommer)-Verdampfer bzw. (Winter-)Kondens.
A = (Winter)-Verdampfer bzw. (Sommer-)Kondens.,
Z und Z_1 = Außenluftleitung,
a = Sommerschaltung,
b = Winterumschaltung.
c = Kühlwasserleitung.
E = Auspuff,
C und D = Abwärmeverwertung,
1–4 = Umschaltventile,
5 = Regelventil,
6 = Stellklappen.

Abb. 93. Umkehrbare Heizanlage (Wärmepumpe).

letzter Zeit veröffentlichten Vorschlägen ist einer (m. W. noch nicht ausgeführt. Anm. d. Verf.) in Abb. 93 wiedergegeben.

Als Kraftquelle für die Kolbenverdichter, die luftgekühlt sind — und deren Kühlluft u. U. der Entfrostung des Verdampfers dienen bzw. den Wirkungsgrad durch Luftvorwärmung bessern kann —, dient ein Mehrzylindergasmotor, dessen Abgase überdies zwecks Abwärmeverwertung durch einen, im Luftstrome liegenden Vorwärmekörper geleitet werden. Es ist nicht bestreitbar, daß solchen Vorschlägen ein gesunder Kern unterliegt und daß sie sich in der nahen Zukunft in hervorragendem Maße durchsetzen werden, besonders als sich führende amerikanische Industrieunternehmungen wie die Westinghouse Electric Company und die General Electric Company, wie auch einzelne der Großgaswerke und Kraftwerke u. ä. m. mit dieser Aufgabe weitgehend befassen[1]) und anscheinend rasche Fortschritte machen.

---

[1]) Dieser Wettbewerb ist insofern bemerkenswert, als die Städteheizwerke in letzter Zeit durch die Ausbreitung der Dampfkühlmaschinen den Kraftwerken ein bislang unbestrittenes Feld streitig machen und nun die Kraft- und Gaswerke bestrebt sind, sich ihre Stellung und obendrein einen Teil der Winterwärmeversorgung zurückzugewinnen. Dies ist umso leichter möglich, als eine höhere Sommerbelastung eine Herabsetzung der Kraft- bzw. Gaskosten bedingen dürfte.

4. Die Sommerluftveredlung mittels hygroskopischer Stoffe.

Die mittelbare »Luftkühlung« durch Lufttrocknung mittels hygroskopischer Stoffe kommt gelegentlich in Form von »Silica-Gel-«[1]), »Aluminium Oxyd-« oder Chlorkalktrocknung in kleineren Gewerbebetrieben, wo stark veränderliche Luftfeuchtigkeit nachteilig ist, wie in Mehrfarbendruckereien, Filmfabriken u. ä. m., in Kleingeschäftshäusern oder auch in Familien- und Wohnhäusern zur Anwendung.

Im »Silica-Gel«-Trockner (Abb. 94) wird die zu trocknende Luft durch eine Schichte trockenen »Silica-Gel« (SiO_2) von etwa Sandkörnung — das sehr hygroskopisch ist — geleitet und gibt an dasselbe einen Großteil ihrer Feuchtigkeit ab. Nach einiger Zeit sättigt sich allerdings das Siliziumdioxyd mit Wasser und wird wirkungslos; das aufgenommene Wasser muß dann durch Erhitzen der Schicht abgetrieben werden und sie wird nach Auskühlung wieder betriebsfertig. Es müssen deshalb für Dauerbetrieb mindestens zwei, besser drei solche Trockner vorgesehen werden und abwechselnd betrieben und regeneriert werden.

Die Heißlufttemperatur zum Trocknen bzw. Regenerieren des Siliziumdioxyds sollte womöglich 150° C oder mehr sein, da der Trockenvorgang sonst auf Kosten des Wirkungsgrades der Anlage zu sehr verzögert wird und unter Umständen zu einer größeren Zahl von Teilanlagen zwingen dürfte.

Die Aluminiumoxyd- (Al_2O_3) Trockner sind auf derselben Grundlage aufgebaut, wie die Silica-Gel-Trockner; es ist aber gebräuchlich, mindestens drei Teilanlagen derart zu betreiben, daß vorerst die dritte und erste Stufe gekoppelt geschaltet werden, wobei die erste etwa 25 v.H. der Trockenarbeit leistet, worauf die dritte Teilanlage abgeschaltet und regeneriert wird, und so die eine Anlage die notwendige Gesamttrockenarbeit leistet und schließlich die zweite Stufe angeschaltet wird und die erste etwa drei Viertel der Trockenarbeit leisten muß, worauf sie regeneriert wird und die zweite Teilanlage den Kreislauf fortsetzt. Die Regenerierung von Al_2O_3 verlangt entweder hohe Heißlufttemperaturen, die zwischen 150° und 300° C liegen, oder große Durchflußmengen von

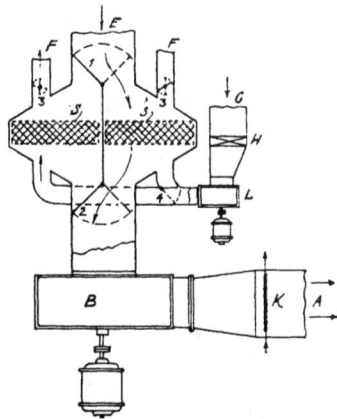

E = Luftleitung, L und B = Lüfter,
K = Nachkühler, A = Zuluftleitung,
S = SiO₂-Bett, G = Regenerierluftltg.,
H = Lufterhitzer, F = Abluftleitung,
1, 2, 3, 4 = Stellklappen.
Anmerkung: Rechtsseitiges Bett in Betrieb,
linksseitiges Bett i. Regenerierbetrieb.

Abb. 94. SiO₂-Trockenanlage.

---

[1]) Silica-Gel ist ein Handelsname des gelatinartigen SiO_2, der sich im Fachschrifttum eingebürgert hat.

Heißluft. Bei etwa 200⁰ C und 0,5 m³/h Trockenluft je kg Aluminium-
oxyd dauert dieser Vorgang etwa 6 h.

Die Siliziumdioxyd- und Aluminiumoxyd-Trockner können allerdings
vorteilhaft die Wärme von Essengasen von Feuerungen usf. ausnützen,
die in verschiedenen Gewerbezweigen abfällt.

Eine beliebte Ausführung solcher Trockner (Abb. 95) besteht grundsätzlich aus einer mehrgeteilten Trommel mit einer Trockenschicht in
jedem Abteil. Durch langsame Drehung der
Trommel — etwa 3 Umdr./h — wird jedes
Abteil mittels feststehender Hauben, Klappen und Anschlußkanäle abwechselnd in
den zu trocknenden Luftstrom, den Heiz-
und Regenerierkanal und den Kühlkanal
eingeschaltet, wodurch ein ununterbroche-
ner Arbeitsvorgang gesichert wird[1]).

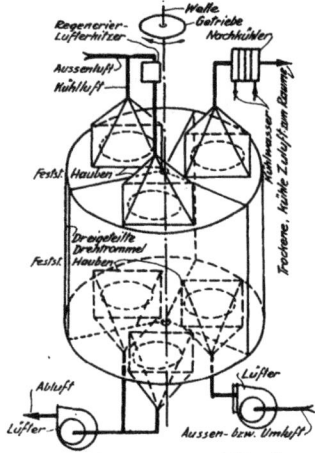

Abb. 95. Aluminiumoxyd-Trockner.

Der Chlorkalk-Trockner (Abb. 96) ist
wesentlich einfacher gebaut. Er besteht aus
einem mit gesättigter Chlorkalklösung gefüllten Gefäß B, in welches eine Reihe run-
der, stoff- oder filzbezogener Scheiben S zur
Hälfte hereinragt, die auf einer gemeinsamen, horizontalen Welle W auf enger Teilung angeordnet sind. Die Welle wird langsam gedreht, wodurch die oberen Teile der
Scheiben, die aus dem Bade herausragen,
ins Bad gelangen und benetzt werden; die
zu trocknende Luft wird zwischen den benetzten Scheiben durchgeführt und gibt so
an die im Filz angesaugte Chlorkalklösung
Feuchtigkeit ab und verdünnt sie allmählich. Nach einiger Zeit muß die so verdünnte

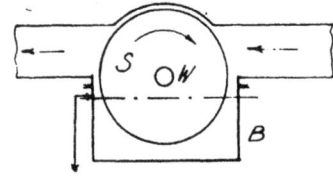

Abb. 96. Chlorkalk-Trockner.

Lösung durch frische ersetzt werden und kann durch Eindampfen wieder
gesättigt werden.

Vereinzelt kommen auch Silica-Gel-Kühler in der Luftveredlung
zur Anwendung (Abb. 97). Sie bestehen aus einem Aufnehmer A, in welchem sich das Siliziumdioxyd befindet, welches aus einem Verdampfer V
Schwefeldioxyddämpfe oder ä. m. aufnimmt und ihn so kühlt. Nachdem sich der Adsorberfüllstoff mit Schwefeldioxyd gesättigt hat, wird
er mittels einer Heizvorrichtung H (vorwiegend Gasflamme, gelegentlich
Hochdruckdampf) erhitzt, und das Schwefeldioxyd wird in den Kondensator C abgetrieben, wo es sich niederschlägt und durch einen Schwim-

---

[1]) Ein beachtenswertes Ausführungsbeispiel ist gegeben in: Fonda, B. P.:
»Air Conditioning Rescues Industry from the Weather.« Heating, Piping and
Air Conditioning (1935).

merregler S zum Verdampfer zurückkehrt, um den Vorgang wieder einzuleiten. Zweckmäßig in die Rohrleitungen eingebaute Rückschlagklappen *1* und *2* verhindern eine ungewünschte Kühlmittelströmung.

Die Silica-Gel-Kühlmaschinen verlangen zum Dauerbetriebe — ebenso wie die Trockner — mehrere abwechselnd betriebene Aufnehmer. Bei dem in Amerika üblichen Preisverhältnis von Elektrizität zu den verschiedenen Brennstoffen stellen sich solche und auch andere Absorptionskühlanlagen im Betriebe nur dann vorteilhafter als Verdichtermaschinen, wenn sie mit billigeren Brennstoffen als Leuchtgas betrieben werden (die aber weniger für selbsttätige Regelung geeignet sind); sie haben also anscheinend nur in solchen Gebieten eine wirtschaftliche Bedeutung, wo Erdgas oder industrielle Abgase (oder Leuchtgas) billig zu haben sind, oder dort, wo die Kraftversorgung noch nicht eingedrungen ist.

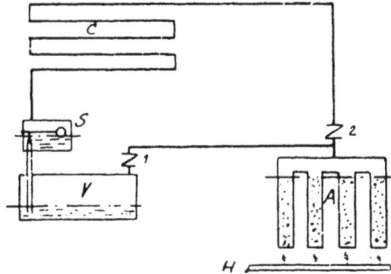

Abb. 97. SiO_2-Kühlanlage.

In allen diesen Ausführungsformen muß für eine ausreichende Nachkühlung der bei konstantem Wärmeinhalte getrockneten Luft gesorgt werden. Dies wird hier fast durchwegs mittels Leitungswasser in Flächenkühlern möglich sein (s. S. 59).

5. Überwachung und Regelung der Luftveredlungsanlagen.

a) Vorrichtungen.

Die sorgfältige Überwachung und Regelung ist in der Wetterfertigung unerläßlich. Die rasche Entwicklung der Fachtechnik der letzten Jahre ist zu großem Teile der Entwicklung verläßlicher, selbsttätiger Regelanlagen zuzuschreiben.

Die Überwachung einer Luftveredlungsanlage bedarf meist nur mehrerer Vorrichtungen, welche die verschiedenen Temperaturen und allenfalls Drucke anzeigen. Außer unmittelbaren Anzeigevorrichtungen sollten in größeren Anlagen auch die wichtigsten Vorgänge dauernd mittels Schreibinstrumente für nachträgliche Aufsicht und Vergleich niedergelegt werden. Die Ausführungsformen von Meßvorrichtungen sind bekannt, und es soll hier nur darauf verwiesen werden, daß selbsttätige Regelvorrichtungen meist in Überwachungsinstrumente umgewandelt werden können, indem das Steuerelement durch einen Anzeiger ersetzt wird.

Die selbsttätige Regelung eines Vorganges besteht in einer, durch eine geringfügige Abweichung von einem festgelegten Vorgang oder Betriebszustand eingeleiteten Hinderung dieser Abweichung. Allgemein wird diese Abweichung auf einen Aufnehmer einwirken, der in geeigneter Weise — meist durch eine Übertragungsvorrichtung — ein Steuer-element so beeinflußt, daß dieses die Ursache der Abweichung unter-bindet. Das Steuerelement arbeitet entweder unmittelbar oder es löst eine Hilfskraft aus, welche der Abweichung entgegenarbeiten wird. Die unmittelbare Steuerung ist sehr wenig verbreitet und in diesem Zu-sammenhang meist ungeeignet.

Die Temperatur- und die Luftfeuchtigkeitsregler beruhen fast durchwegs auf der Form- bzw. Volumsänderung eines Körpers — Auf-nahmekörper — unter dem Einflusse der Temperatur- bzw. Feuchtigkeits-änderung. Je nach Ausführung des Aufnahmekörpers spricht man von a) Band- oder Stab-, b) Flüssigkeits- und c) Verdampfungsaufnehmern[1]). Die Hilfskraft ist in größeren An-lagen Druckluft (seltener Druck-wasser) oder — meist in kleineren Anlagen — der elektrische Strom.

Je nach der Betriebsart unter-scheidet man »positive« Regler, die einen Vorgang völlig unterbrechen oder aber vollkommen freigeben und mithin einen stoßweisen Betrieb fest-legen; weiters »graduierende« Regler, welche den Vorgang je nach der Ab-weichung vom optimalen Vorgang drosseln.

Eine bekannte Ausführung des unmittelbaren Reglers zeigt Abb. 98. Das flüssigkeitsgefüllte Tauchrohr T reicht in die zu regelnde Flüssigkeit oder Luftstrom. Bei Temperatur-änderungen ändert sich das Flüssig-keitsvolumen im Tauchrohr und schiebt oder saugt den Kolben B_1, der nachgiebig angeordnet ist und dessen Bewegung durch die im Rohr V enthaltene Übertragungsflüssigkeit auf die Spindel S und S_1 übertragen wird. Hiedurch wird das Ventil, welches das Heiz- oder Kühlmittel zur Temperaturänderung geliefert hat, entsprechend geöffnet oder gedrosselt. Die gewünschte einzuhal-tende Temperatur wird durch entsprechende Drehung des Kopfes R

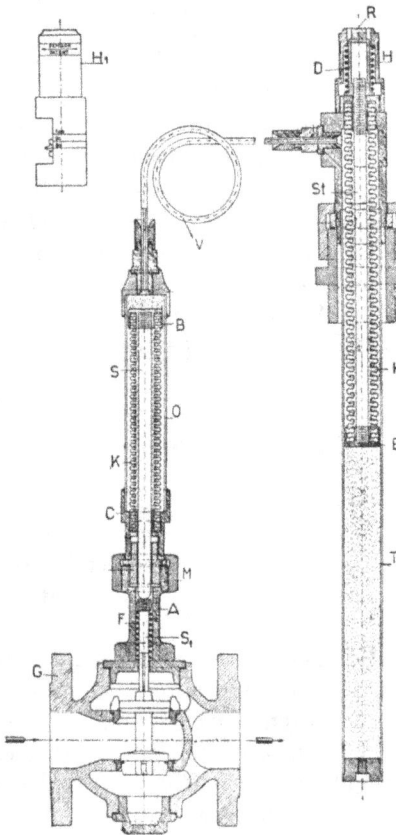

Abb. 98. Unmittelbarer Regler.
(Samson A. G.)

---

[1]) Elektrische Widerstands- u. Thermostromregler, sowie Flüssigkeitsfaden-regler beschränken sich (in Amerika) fast durchwegs auf Messung und Anzeige.

erzielt, die die Spannung der Feder K_1 beeinflußt. In der Luftveredlung
hat diese Bauform nur geringe Anwendung gefunden; man verwendet
gelegentlich solche Regler zur selbsttätigen Steuerung von Raumheiz-
körpern, Einzellufterhitzern u. ä. m.

Die mittelbar regelnden Vorrichtungen verwenden einen Temperaturfühler oder Aufnehmer, der für Druckluft- (seltener Druckwasser-)

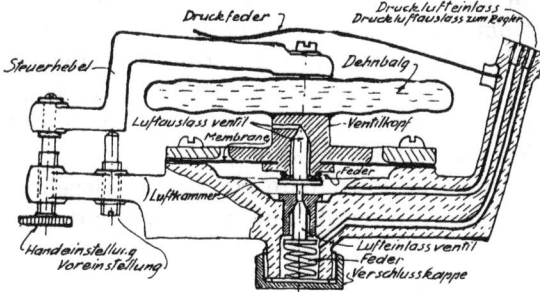

Abb. 99. Druckluft-Temperaturkühler. (Powers Regulator Co.)

Betrieb grundsätzlich aus einem Dehnbalg (oder Dehnstab) besteht
(Abb. 99), der beispielsweise beim Überschreiten einer vorbestimmten,
mittels Handeinstellschraube festlegbaren Raumtemperatur im Verhältnis zum Temperaturanstieg ausgedehnt wird und den Ventilkopf
gegen das Luftauslaßventil preßt und
dieses schließt und allmählich das Luft-
einlaßventil solange öffnet und Druckluft einläßt, bis der Luftdruck in der
Luftkammer den Dehnbalgdruck aus-
gleicht, den Ventilkopf und das feder-
belastete Ventil in die ursprüngliche Stellung zurückpreßt und schließt. Dieser
Luftdruck wird auch auf den Dehnbalg
des Regelventils durch den Druckluft-
auslaß übertragen und wird den feder-
entlasteten Ventilkegel des Regelventils
(Abb. 100) dem Sitz nähern und die
Heizmittelzufuhr drosseln, bis ein Unterschreiten der Raumtemperatur den
Dehnbalg zusammenziehen wird, worauf durch Entfernen des Ventilkopfes
vom Stichauslaßventilkegel soviel Luft

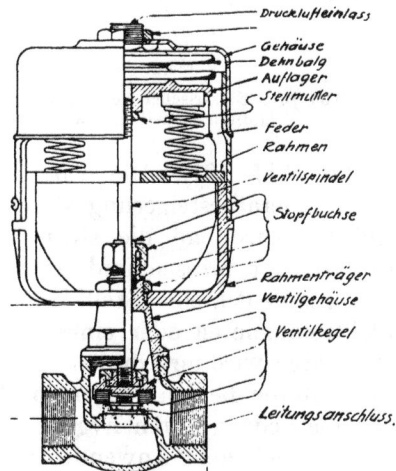

Abb. 100. Druckluft-Regelventil.
(Powers Regulator Co.)

aus der Kammer und dem Regelventil entlassen wird, um das Ventil
im Verhältnis mit der Temperaturunterschreitung zu öffnen. Für Kühlung wird die Vorrichtung umgekehrt arbeiten. Diese Ausführung ist
graduierend.

Ähnlich sind auch Luftfeuchtigkeitsregler ausgestaltet, nur ersetzt man das Element *D* durch ein hygroskopisches Band wie beispielsweise ein oder mehrere entfettete Haare, besonders zubereitete Papierstreifen u. ä. m. Gelegentlich wird, besonders wo die Trockenkugeltemperatur innerhalb enger Grenzen konstant ist, ein zusätzlicher Temperaturregler zwecks Feuchtigkeitsregelung derart verwendet, daß das wärmeempfindliche Element in einen Wickel gehüllt wird, der dauernd benetzt wird. Wird ein Luftstrom am Wickel vorbeigeführt und ist die Vorrichtung auf die, der gewünschten Luftfeuchtigkeit zugeordnete Feuchtkugeltemperatur eingestellt, so wird diese Vorrichtung bestrebt sein, falls sie eine Befeuchtungsanlage steuert, diese Temperatur durch Zufuhr bzw. Abstellung von Feuchtigkeit einzuhalten[1]).

Aufnahmekörper für mittelbare elektrische Regelung sind ähnlich gebaut, nur sind hier Luftventile und Stichventile durch Kontaktstifte

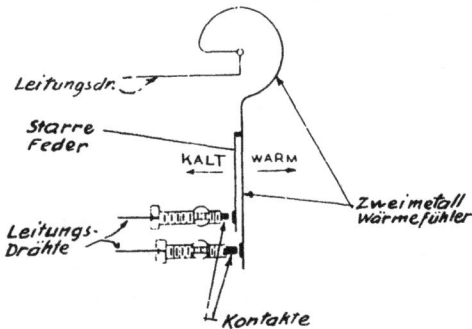

Abb. 101. Elektrischer Temperaturkühler.
(Minneapolis-Honeywell).

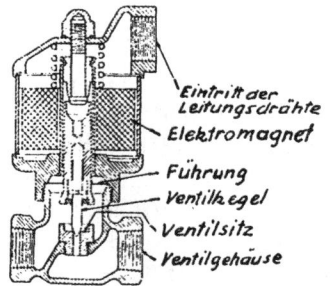

Abb. 102. Magnet-Regelventil.
(Barber-Coleman.)

ersetzt (Abb. 101). Die wärmeempfindliche biegsame Feder wird sich bei Temperatursteigerung strecken, bis sie einen Kontaktstift berührt und fortschreitend die starre Feder allmählich gegen einen zweiten Kontaktstift pressen und einen Stromkreis schließen wird. Hiedurch wird ein Ventil, eine Stellklappe oder anderes Regelorgan mittels eines Elektromagneten oder eines Motors in Betrieb gesetzt (Abb. 102). Der Stromkreis wird unterbrochen, wenn die Temperatur sich derart geändert hat, daß die beiden Federn die Kontaktstifte verlassen. Auch hier gilt, daß die Federn durch hygroskopische Elemente ersetzt werden können.

Je nach dem Anwendungsgebiete können verschiedene mehr oder weniger verwickelte Bauformen dieser Vorrichtung zur Verwendung

[1]) Um Beschlagen der Fenster mit Feuchtigkeit bei tiefen Außentemperaturen zu vermeiden, verwendet man einen, in den Schaltungskreis des Feuchtigkeitsreglers eingefügten Grenzregler. Dies ist ein nahezu für Sättigung eingestellter Feuchtigkeitsfühler, der an die Innenoberfläche einer Fensterscheibe gepreßt wird und welcher die Befeuchtung abschaltet, sobald die Luftfeuchtigkeit die eingestellte Feuchtigkeitsgrenze überschreitet.

kommen. Eine sehr verbreitete Form ist der Quecksilberschalter, bestehend aus einer teilweise mit Quecksilber gefüllten Glasbirne, in welche zwei Kontaktstifte hereinragen. Die Birne ist kippbar, beispielsweise unmittelbar auf einer wärmeempfindlichen Feder gelagert. Durch Zusammenziehung der Feder wird die Birne etwas gekippt und das Quecksilber fließt in das andere Ende derselben über und unterbricht den Stromkreis (Abb. 103).

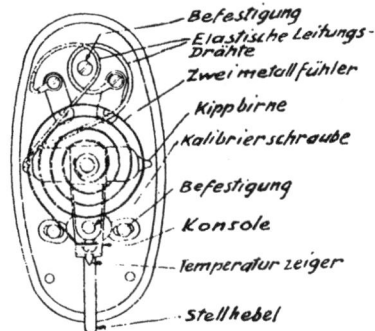

Ansicht.

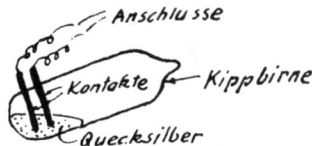

Teilbild des Kippschalters.

Abb. 103. Quecksilber-Kippschalter.
(Minneapolis-Honeywell.)

Von Bedeutung für Sommeranlagen sind Temperaturfühler, die nicht für eine konstante Temperatur eingestellt sind, sondern die Raumtemperatur mit steigender Außentemperatur auch (beispielsweise nach Zahlentafel 3) in bestimmtem Verhältnis höher einstellen. Sie bestehen meist aus einem, der Außenluft ausgesetzten Hauptregler, der mit zunehmender Außentemperatur auf den eigentlichen, sog. Neben- oder beeinflußten Regler einwirkt und seine Grundeinstellung jeweils in Verhältnis zur Außentemperatur bringt.

In Hotels, Schulen, Büros u. ä. m. hat auch der Fensterregler gute Dienste geleistet. Da viele Menschen auch in geheizten Räumen im Winter oder gekühlten Räumen im Sommer die Fenster weit aufreißen und hiedurch die Wirtschaftlichkeit der Anlage beeinflussen und eine größere Zahl solcher Fälle die Anlage unnütz belasten könnte, hat man gelegentlich in die (Schiebe-)Fenster der Räume Schalter eingebaut, welche die Heiz- bzw. Kühlluftzufuhr zum Raume abstellen, sobald die Fenster über ein vorbestimmtes geringes Maß geöffnet werden. Diese Maßnahme erzieht auch die Menschen, den Wert der Klimaanlage zu erfassen.

b) Schaltungsformen von Regelanlagen für Winterbetrieb[1]).

Die richtige Wahl der Regelanlage entscheidet vielfach das Wohl und Wehe der Luftveredlungsanlage und es sollte dieser Teil derselben reiflich überlegt werden und man muß sich unbedingt vor Augen halten, daß zuverlässiger, allzeit befriedigender und wirtschaftlicher Betrieb nur dann gesichert wird, wenn die Regelung möglichst einfach zu handhaben ist, d. h. in weiten Grenzen selbsttätig ist.

---

[1]) Eine einfache, lehrtechnische Einführung gibt: Lang M.: »Die Regelung heiztechnischer Luftaufbereitungs- und industrieller Trockenanlagen.« Ges.-Ing. 59 (1937).

Die einfachste selbsttätige Regelungsform kommt überall dort zur Verwendung, wo die Anlage in einem Raume (beispielsweise im Winter) eine bestimmte Temperatur einzuhalten hat. Ein Temperaturfühler im Raume, der für die gewünschte Temperatur geeicht ist, muß mit einem Regelorgan derart verbunden werden, daß er bei Überschreiten dieser Temperatur die Wärmezufuhr drosselt. Das gilt von Anlagen aller Größen und Art. Einzellufterhitzer oder Luftheizanlagen werden u. U. in diesem Falle so geschaltet, daß, zwecks Lüftung, die Luftförderung konstant bleibt und die Lufterwärmung mittels Temperaturfühlers gesteuert wird[1]). Für den Sommerbetrieb gilt grundsätzlich das Umgekehrte mit einiger Beschränkung, wie später gezeigt.

Gelegentlich ist es nicht ratsam, die Wärmezufuhr zu einem Gebäude oder einer Raumgruppe von einem Punkte aus zu regeln, da dieser durch unvorgesehene Einflüsse zeitweilig beeinflußt sein könnte und dann zu Überheizung oder ungewünschter Abkühlung eines Großteiles der Anlage führen könnte. Das kann durch Anordnung von Temperaturfühlern in mehreren Punkten der Anlage und durch Regelung der Wärmezufuhr im Verhältnis zum Mittelwerte der verzeichneten Temperaturen geschehen, d. h. in einer Anlage mit vier Temperaturfühlern, von denen einer ausreichende Temperatur, der zweite und dritte eine geringfügige Unterschreitung der gewünschten Temperatur und der letzte eine bedeutende Unterschreitung derselben als Folge offener Fenster anzeigt, wird die Wärmezufuhr derart hoch sein, um den mittleren Wärmebedarf der vier Punkte zu decken.

In Luftheizungsanlagen ist es allgemein üblich, den Temperaturfühler, der die Zulufttemperatur regelt, in dem Raume oder, falls die Anlage als Misch- oder Umluftanlage arbeitet, im Hauptumluftkanal anzuordnen. Die Anordnung im Umluftkanal bestrebt eine positive Luftströmung um den Temperaturfühler und auch eine Sicherung, daß diese Luftströmung ein Gemisch von Luft aus verschiedenen Teilen der Anlage ist und somit eine genauere Regelung ergibt. In Lüftungsanlagen, wo die Wärmeverluste des Gebäudes durch Raumheizkörper gedeckt werden oder wo die Wärmeabgabe von Quellen im Raume größer ist, als die Wärmeverluste des Raumes und die Zuluft also nur etwa auf Raumlufttemperatur erwärmt werden muß, ist es manchmal gebräuchlich, den Temperaturfühler im Zuluftkanal anzuordnen, während die allfälligen Heizkörper u. U. durch einen entsprechenden Raumtemperaturregler gesteuert werden.

---

[1]) In Großräumen, wo die einzelnen Lufterhitzer nur einen kleinen Teil der Anlage darstellen, wird oft der Lüfter an- oder abgestellt, während die Wärmezufuhr konstant gehalten wird. Wird der Lüfter dauernd betrieben, so muß darauf geachtet werden, daß Belästigung der Menschen durch den zeitweilig kühlen Luftstrom ausgeschlossen ist. Man wird hier unbedingt von unterer Luftzufuhr absehen müssen.

In Anlagen, wo kalte Außenluft an die Lufterhitzer herantreten könnte, ist es üblich, den Lufterhitzer zu unterteilen und den sog. Vorerhitzer derart zu regeln, daß die Wärmezufuhr hiezu entweder weit offen oder gänzlich gesperrt ist, um allfälliges Einfrieren des Lufterhitzers auszuschließen. Diese Regelung geschieht entweder bei Hand oder mittels eines positiven Temperaturreglers (Abb. 104). Es wird dann, falls der selbsttätige Regler angewandt wird, dieser derart eingestellt, daß er bei Unterschreiten von etwa $+ 3^0$ C in der Frischluftleitung die Wärmezufuhr weit öffnet. Die Leistung des Vorerhitzers muß deshalb so ge-

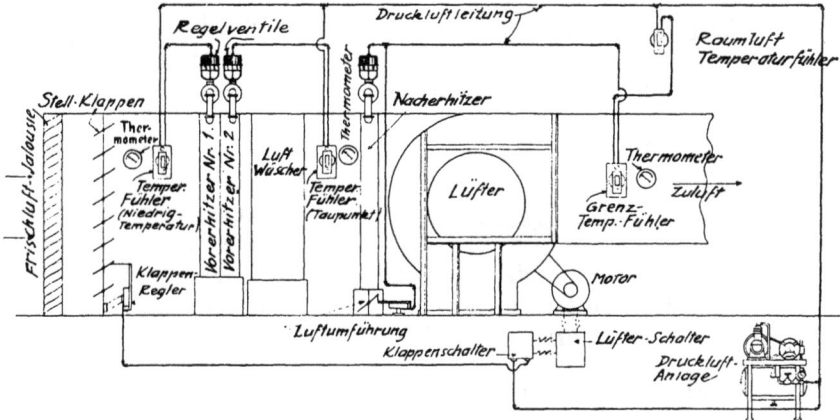

Abb. 104. Regelschaltbild für Lufterwärmung.

wählt werden, daß bei Frischluft von $+ 3^0$ C die Austrittstemperatur nicht höher als die Zuluftmindesttemperatur steigen kann, muß aber dafür sorgen, daß bei tiefster Außentemperatur die Austrittstemperatur oberhalb des Gefrierpunktes zu liegen kommt. Die restliche Heizfläche wird dann vom Raumtemperaturfühler oder Zulufttemperaturfühler »graduierend« gesteuert. Wird ein Luftwäscher vorgesehen, so wird er vorteilhaft zwischen die beiden Lufterhitzer eingebaut, wodurch die Zuluft durch Einschalten eines Temperaturreglers, welcher von der, den Wäscher verlassenden Luft gesteuert wird, auch einfach selbsttätig auf konstantem Taupunkt gehalten und so eine vorbestimmte absolute Feuchtigkeit beibehalten kann. Dieser Temperaturregler steuert entweder die Wärmezufuhr zu einem Gegenstromapparat, der das Waschwasser vorwärmt oder zu einem zusätzlichen Lufterhitzer (Nr. 2), der das zur gewünschten Befeuchtung notwendige Sättigungsdefizit schafft. In solchen wie auch allen Anlagen, die mit Frischluft betrieben werden, ist es auch angebracht, einen Schalter vorzusehen, der bei Abstellen des Lüfters die Frischluftklappe schließt und umgekehrt. (Der in der Abb. 104 dargestellte Raumtemperaturfühler dient in Lüftungsanlagen dazu, die Zulufttemperatur beim Anheizen über das vom Zulufttemperaturfühler eingehaltene Maß zu heben, und in Luftheizanlagen wird gelegentlich ein Zuluftregler vorgesehen, der das Überschreiten einer Höchstzulufttemperatur verhindert, selbst wenn der Raumtemperaturfühler es anstreben sollte.)

In Mischluftanlagen kann man oft den Vorerhitzer durch gekoppelte Stellklappen ersetzen (Abb. 105), welche von einem, beispielsweise auf etwa $+3^0$C eingestellten Temperaturfühler T_1 derart gesteuert werden, daß mit abnehmender Außentemperatur die Frischluft gedrosselt und größere Mengen Umluft zugeführt werden. Auch hier kann der Luftwäscher vor den Nacherhitzer geschaltet werden und der Temperaturfühler T_2 stellt die zwecks Schaffung des gewünschten Sättigungsdefizits und der notwendigen Verdampfungswärme notwendige Lufttemperatur ein. T_1 dient dann nur als Grenzregler, der ein Unterschreiten der Mindesttemperatur verhindert.

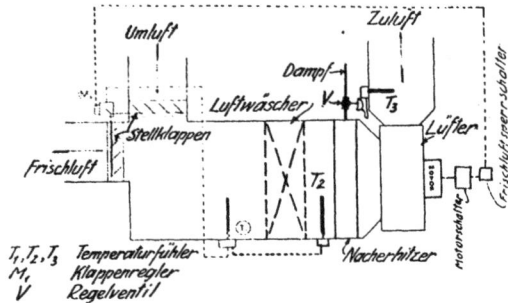

T_1, T_2, T_3 Temperaturfühler
$M,$ Klappenregler
V Regelventil

Abb. 105. Regelung von Mischlufterwärmung.

c) Schaltungsformen von Regelanlagen für Sommerbetrieb.

Die Regelanlagen für Winterbetrieb können meist durch einfache Umschalter derart eingestellt werden, daß sie für den Sommerbetrieb verwendbar werden. Man verwendet diese Ausführungsform allerdings vorwiegend in elektrisch gesteuerten Anlagen.

Es kann beispielsweise ein Temperaturfühler mit zwei Regelventilen durch einen Umschalter derart verbunden werden, daß in einem Falle bei Unterschreiten der gewünschten Temperatur das Regelventil öffnet und Wärme in die Anlage einläßt, während das andere Ventil, falls eingeschaltet, bei Unterschreiten der Temperatur schließen wird, d. h. die Kühlmittelzufuhr drosselt.

Eine andere Ausführungsform verwendet ein Ventil und der Umschalter ändert lediglich seine Schaltungsform. Das Heizmittel und das Kühlmittel werden durch dasselbe Regelventil eingeführt, so daß beim Umschalten von Winter- auf Sommerbetrieb und umgekehrt auf die richtige Handschaltung der entsprechenden, vorgelagerten Absperrventile geachtet werden muß.

Allgemein gilt, daß die Schaltungsformen, welche im vorangehenden Abschnitte besprochen worden sind, sinngemäß bei Sommerbetrieb, d. h. Kühlung angewandt werden können. Es ist in solchen Anlagen — meist als Misch- oder Umluftanlagen ausgeführt — üblich, den Temperaturfühler, welcher die Kühlmittelzufuhr regelt, in den Raum oder in den Umlufthauptkanal zu verlegen. In diesen Anlagen ist aber ein Grenzregler im Zuluftkanal, der die Zulufttemperatur nach unten begrenzt, unerläß- lich. Seine Aufgabe ist die Vermeidung von Zugerscheinungen im Raume, wenn der Raumregler die Kühlmittelzufuhr weit öffnen und so die Zu- luft stark unterkühlen sollte.

Zur richtigen Wahl der Regelung für den Sommerbetrieb muß man die thermodynamischen Grundlagen des angestrebten Vorganges in Be- tracht ziehen. Aus Abb. 16 und 17 ist ersichtlich, daß die Regelung der Temperatursenkung durch die Kühlmittelmenge und nicht unbedingt durch die Temperatur des Kühlmittels möglich ist, daß aber zur Luft- trocknung unbedingt bestimmte Kühlmitteltemperaturen notwendig sind. Hieraus folgt, daß in Anlagen, wo Leitungswasser zur Kühlung und Trocknung verwendet wird, eine Feuchtigkeitsregelung nur inner- halb gewisser, von der Wassertemperatur abhängigen Grenzen möglich ist. Der endgültige Schaltungsplan hängt aber auch wesentlich von der Kühlungsform ab, d. h. er wird davon abhängen, ob Kühlflächen oder Luftwäscher hiezu verwendet werden.

Eine Grundform der Regelung von Kühlflächen ist in Abb. 106 dargestellt. Der Feuchtigkeitsfühler H_1 regelt die Kühlmitteltemperatur, während der Raumtemperaturfühler T_1 den Verdichter mittels Schalter R_1 an- oder abschaltet, wenn die gewünschte Raumtemperatur über- oder unterschritten wird. Der Grenzregler T_2 im Lüfteraustritt verhindert ein Unterschreiten einer bestimm- ten Mindesttemperatur der Zuluft.

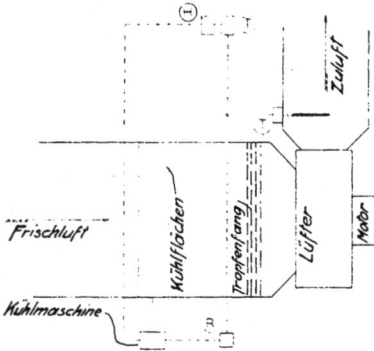

Abb. 106. Regelung von Flächenkühlung.   Abb. 107. Regelung einer Wäscher-Kühlanlage.

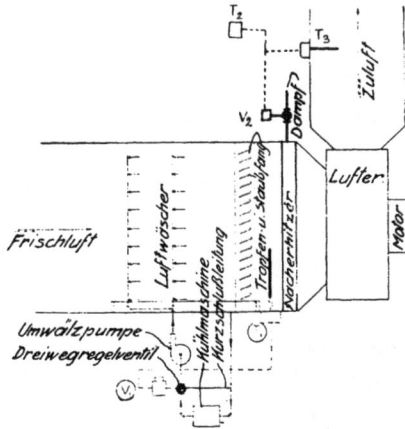

Der Luftwäscher läßt eine bessere, gleichmäßigere Lufttrocknung zu (Abb. 107)[1]. Der Temperaturfühler T_1, der für den Taupunkt der Raum-

---

[1]) Gelegentlich empfiehlt es sich als Vorkühler einen Flächenkühler bzw. einen Wäscher einzubauen, welcher Leitungs- oder Brunnenwasser verwendet. Das ab- gehende Wasser kann dann oft noch zufriedenstellend als Kondenswasser in der Kühlmaschine — die entsprechend kleiner wird — verwendet werden (Abb. 85).

luft eingestellt ist, regelt ein Mischventil V_1, welches die Sprühwasser-temperatur festlegt, während der Raumtemperaturfühler T_2 und der Grenzfühler T_3 die Wärmezufuhr zum Nachwärmeheizkörper mittels Ventil V_2 regeln. Wie vorerwähnt, kann der Nachwärmeheizkörper durch Warmluftzumischung — meist als Umluftzumischung ausgeführt — er-setzt werden (Abb. 108). Der Raumlufttemperaturfühler T_4 kann dann natürlich durch einen Umlufttemperaturfühler T_2 ersetzt werden. In diesem Schaltungsplan wird zwecks größerer Wirtschaftlichkeit im Be-triebe häufig ein Temperaturfühler T_5 und Feuchtigkeitsfühler H_1 in die Frischluftentnahme eingebaut, welche die Frischluftzufuhr mittels Klappenregler M_1 und M_2 und Stellklappen auf das zulässige Mindest-ausmaß herabsetzen, sobald die Frischlufttemperatur oder Feuchtigkeit,

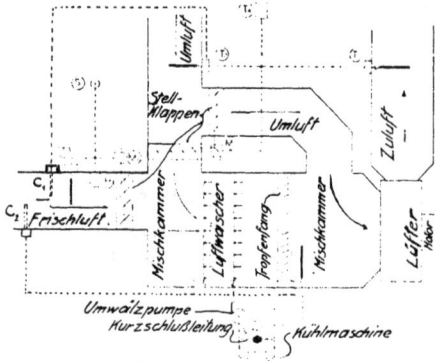

Abb. 108. Regelung einer Mischluftanlage.

die der Umluft überschreiten und welche die Frischluftzufuhr unter-halb dieser Grenze weit offen-halten.

In Verbindung mit diesen Schaltungsformen wird in hoch-klassigen Anlagen noch auf die selbsttätige Einstellung der Raum-temperatur u. U. auch der Luft-feuchtigkeit in bezug auf die augenblickliche Außentemperatur und Luftfeuchtigkeit — beispiels-weise nach Zahlentafel 3 — ge-achtet. Eine solche Einstellung ist in Abb. 108 mitangedeutet. Der Haupttemperaturregler C_1 hebt mit zunehmender Außentemperatur die Einstellung des Raum- bzw. Umlufttemperaturfühlers, während C_2 den Taupunktfühler T_1 ähnlich beeinflußt[1]).

Eine Musterschaltung mit selbsttätiger Winter- und Sommer-regelung ist in Abb. 109 dargestellt. Der Temperaturfühler T_1 — der im Sommer vom Hauptregler C_1 beeinflußt wird — legt die Raum-temperatur fest. T_2 ist der Grenzregler. Der Temperaturfühler T_3 bestimmt durch Steuerung von Mischklappen mittels Regler M_1 und der Wärmezufuhr die Lufttemperatur vor dem Luftwäscher, während der Temperaturfühler T_4 die gewünschte Taupunkttemperatur durch Ventil V_3 einhält. Der Temperaturfühler T_5 bzw. der Luftfeuchtig-

---

[1]) Gelegentlich ist es angängig — besonders in Anlagen mit Flächenkühlern — die Umluftumführung wegzulassen, falls die Luftkühler beispielsweise in mehrere Einheiten hoch unterteilt werden. Während eines Großteils des Sommers wird nämlich nur ein Teil der Kühlflächen notwendig sein, während der Restteil als Umführung arbeiten kann, falls durch Abstufung der Regelventile an den einzelnen Einheiten hiefür gesorgt wird.

keitsregler H_1 dienen der Frischluftsteuerung, d. h. sie öffnen die Frischluftzufuhr im Sommer durch Regler M_3, falls ihre Temperatur und Feuchtigkeit unter den Raumluftwerten liegen und lassen nur das Mindestmaß an Frischluft ein, falls sie höher liegen. Der Temperaturfühler T_6 drosselt die Frischluftzufuhr, falls die Lufttemperatur in der Mischkammer sich dem Gefrierpunkte nähert. Der Schalter R_1 schließt selbsttätig die Frischluftklappe, wenn der Lüfter abgestellt wird und

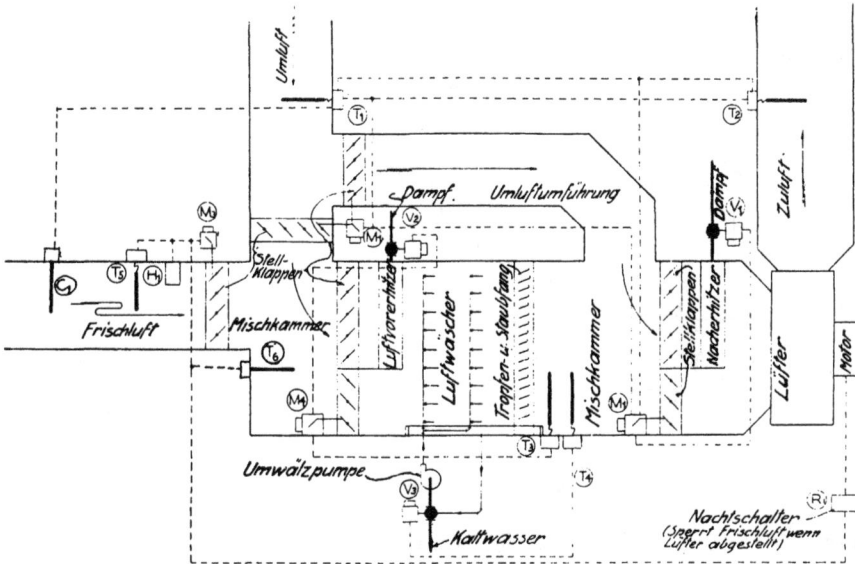

Abb. 109. Regelung einer umschaltbaren Mischluftanlage.

umgekehrt, und dient häufig auch der selbsttätigen In- und Außerbetriebnahme der, im Betriebe teueren Kühlanlage.

Abschließend ist in Abb. 110 der Schaltungsplan einer Großanlage dargestellt, wo ein Wetterfertiger die Veredlung der Zuluft für die gesamte Anlage übernimmt und zwei oder mehr Zonenanlagen die veredelte Luft in unabhängigen Misch- und Heizkammern den Sonderbedürfnissen der Zonen anpassen — beispielsweise der Nord- und Südseite des Gebäudes. Der Schaltungsplan ist selbsterklärend. Beachtenswert ist hier der Luftdruckregler, der im Hauptzuluftkanal dauernd einen gleichbleibenden Luftdruck aufrecht hält, um die Vorbedingungen in den Zonenanlagen vom Ein- oder Abschalten der einzelnen Anlagen freizuhalten. Ein solcher Luftdruckregler leistet auch in Anlagen gute Dienste, wo die Zuluft zu einzelnen Räumen oder Raumgruppen voneinander unabhängig gesteuert wird, da dann der statische Druck im Hauptkanal auch bei Abschaltung eines größeren Teiles des Verteilungs-

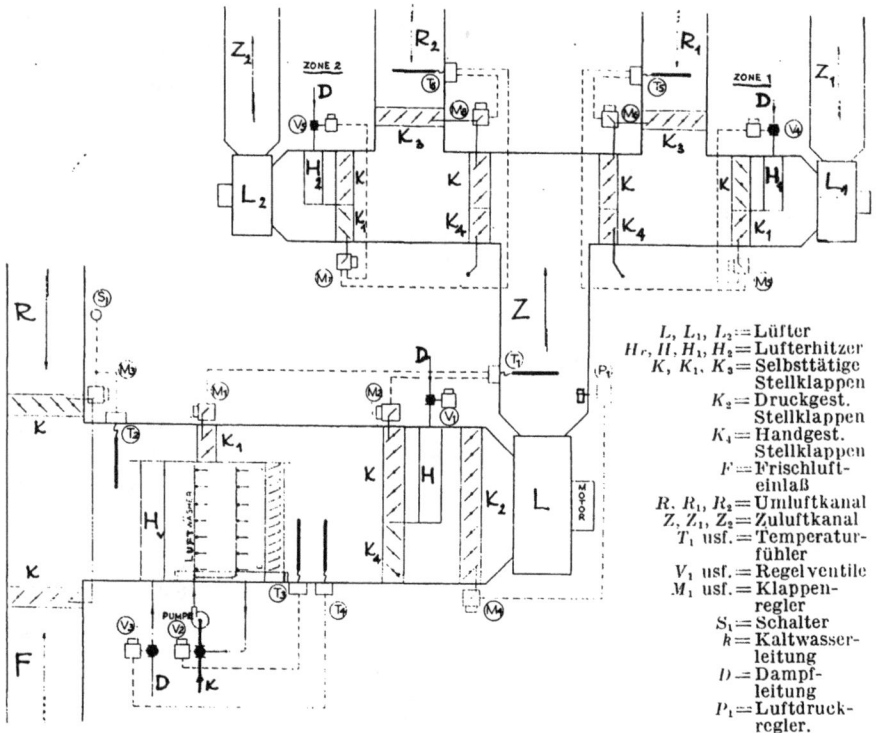

Abb. 110. Schaltung einer unterteilten Großanlage.

L, L_1, L_2	= Lüfter
$H r, H, H_1, H_2$	= Lufterhitzer
K, K_1, K_3	= Selbsttätige Stellklappen
K_2	= Druckgest. Stellklappen
K_4	= Handgest. Stellklappen
F	= Frischlufteinlaß
$R. R_1, R_2$	= Umluftkanal
Z, Z_1, Z_2	= Zuluftkanal
T_1 usf.	= Temperaturfühler
V_1 usf.	= Regelventile
M_1 usf.	= Klappenregler
S_1	= Schalter
k	= Kaltwasserleitung
D	= Dampfleitung
P_1	= Luftdruckregler.

netzes konstant bleibt. (Leider sind die marktgängigen Regler noch nicht genug empfindlich, um einwandfrei zu arbeiten.)

d) Sicherheitsmaßnahmen.

Außer den, mit der Regelung und Überwachung von Luftveredlungsanlagen unzertrennlich verbundenen Sicherheitsmaßnahmen, nehmen solche, die von verschiedenen Behörden, wie Gesundheits-, Bau- und Feuerschutzämtern, oder von verschiedenen Versicherungsanstalten zwecks Schutzes der Volksgesundheit, -Sicherheit oder des -Vermögens immer mehr zur Anwendung gebracht werden, rasch zu. Sie erstrecken sich nicht nur auf die Ausführung der Kanalnetze oder hiemit verbundener Bauelemente, sondern beschränken auch die Anwendung verschiedener Maschinenanlagen u. ä. m. (In diesem Abschnitt sind nur einige Musterbeispiele namhaft gemacht, und es muß zwecks weiterer Einzelheiten auf die neuesten Bauvorschriften verschiedener Staaten und Städte, wie z. B. New York, verwiesen werden.)

Einen außerordentlich anspornenden Einfluß auf die Entwickelung von Sonderkühlmaschinen für die Luftveredlungstechnik hatte das gelegentliche Verbot giftiger, gesundheitsschädlicher, brennbarer oder zerknallbarer Kühlmittel in Kühlmaschinen. Außer großzügiger Arbeit auf dem Gebiete der Dampfstrahlkühlmaschinen und der umkehrbaren Heizung hatte es eine fieberhafte Entwickelung von harmlosen Kühlmitteln, wie Freon, Carrene u. ä. m. im Gefolge, und es verdrängen diese heute durch Zwang und durch technische Eignung alle anderen Kühlmittel aus der Luftveredlungstechnik.

Feuerschutz wird angestrebt durch Verbot von brennbaren Baustoffen für Kanalanlagen, Umfassungen u. ä. m. und sogar für Innen- oder Außenwärme- und Schallschutz von Anlagen und Bauelementen.

Weiters wird er durch Einbau von Absperrklappen in Zuluftkanäle angestrebt, überall, wo diese aus einem Stockwerk oder einem Gebäudeteile in einen anderen treten, weiters auch in den Druck- und oft auch Saugstutzen von Lüftern. Diese Klappen stehen im Betriebe weit offen, sind aber mit einem schmelzbaren Schlosse ausgerüstet, welches beim Überschreiten einer vorgeschriebenen Kanal-Temperatur (z. B. 70⁰ C) schmilzt und durch Sperrung der Klappe den Luftstrom unterbricht.

Solche Klappen werden auch in die Abluftgitter von Küchen, Anrichten, Lackiererien, Werkstätten, wo brennbare Gase, Öle, Fette u. ä. m. in den Abluftstrom geraten könnten, eingebaut. Auch hier wird eine solche Absperrung im Lüftersaugstutzen von Wert sein, besonders wenn ein Hilfsauslaß vorgesehen wird, der bei Feuerausbruch die Flammen- und Rauchschwaden am Lüfter vorbei ins Freie bringt. Solche Kanalnetze werden gelegentlich entweder in ihrer ganzen Länge oder am Einlaß mit selbsttätigen, bei Feuerausbruch öffnenden Streudüsen (Sprinkler) oder mit handgesteuerten Düsen — die dann manchmal dampfgespeist sind — ausgerüstet.

In letzter Zeit werden auch die Segeltucheinlagen zwischen Lüfter und Kanal bzw. Wetterfertiger durch Asbesttucheinlagen zwecks Feuerschutzes ersetzt. Tuch, Zellstoff-, Watte- und andere ähnliche Luftfilter werden häufig zwischen Drahtnetze gesetzt, die — ähnlich der Bergmannslampe — als Flammenschutzwand dienen.

Als zusätzliche Maßnahmen gelten hier auch zentrale Schalttafeln, die ein rasches Abstellen der Maschinen von einem leicht zugänglichen Raum aus zulassen.

Von schutztechnischer Bedeutung sind auch anderweitig erwähnte Entwurfsgrundlagen, wie Bestrebungen Aborte, Waschräume, Küchen u. ä. m. durch reichliche Ablüftung mit Unterdruck zu versehen; weiters sollten auch Vorschriften und Erfahrungsgrundsätze bezüglich Anordnung von Abluftaustrittöffnungen, wie Lage gegenüber Zuluftentnahmeschächten, Fenstern und Türen u. ä. m., ihre Höhenlage mit Rücksicht auf Rückstau usf. beachtet werden.

Diese und ähnliche Schutzmaßnahmen sollten auch ohne besondere behördliche Verordnungen befolgt werden, da der Wert von gesund-

heitstechnischen Anlagen durch Mißachtung der notwendigen Vorsichts-
und Sicherheitsmaßnahmen bedeutend herabgesetzt, falls nicht vollständig vernichtet werden kann.

7. Sonderbauformen.

a) Die Wohnhausluftveredlung.

α) *Winterbewetterung.*

Die Luftveredlungsbestrebungen haben auch in das Klein-(Wohn-)
Gebäude rasche Einführung gefunden. Außer der schon vererwähnten,
unangenehm empfundenen Lufttrockenheit (s. S. 10) in zentralgeheizten
Räumen, half ihrer Verbreitung die große Beliebtheit und Verbreitung
der Warmluftheizung, die sich durch niedrige Anschaffungskosten, un-
bedingte Betriebssicherheit und einfachen Einbau und Bedienung aus-
zeichnet. Allerdings handelt es sich im Wohnhause mehr denn je um
Winterluftveredlung und die Sommerluftveredlung kommt nur dort
in Betracht, wo die klimatischen Sommerverhältnisse schwer erträglich
sind; und sogar dort handelt es sich dann oft nur um den Betrieb
von Vorrichtungen, die für den Winterbetrieb unumgänglich scheinen
und im Sommer etwas Milderung schaffen, wie beispielsweise Lüfter,
Filter, allfälliger Luftwäscher — als Luftkühler arbeitend —, Lufterhitzer — falls sie auf Betrieb mit Kaltwasser umstellbar sind, u. a. m.
Vollständige Sommer- und Winterluftveredler beschränken sich heute
noch fast ausschließlich auf die Wohnhäuser der bemittelten Klassen.

Die übermäßige Trockenheit in radiatorbeheizten Räumen versuchte
man durch Heizkörperwasserpfannen zu beheben, die allerdings nicht
ausreichen, um die notwendige Wassermenge zu verdunsten, selbst wenn
sie, wie in Amerika üblich, als flache, den Heizkörperkopf gänzlich
abdeckende Schüsseln ausgebildet werden. Weitere Nachteile sind,
daß sie die Luftströmung unterbinden und daß man meist vergißt, sie
regelmäßig zu füllen und, da sie dann trotz ihrer perforierten Blech-
abdeckung mehr als Zigarrenasche- und Abfallsammler dienen, durch
Röstung ihres Inhaltes eher die Luft verschlechtern als verbessern. Ihr
einziger Vorteil ist, falls gewartet, daß sie den Wasserdampf an die
einfallende Luft geringen Feuchtigkeitsgehaltes abgeben, soferne die
Heizkörper unter den Fenstern stehen.

Etwas besser sind die verschiedenen Ausführungsformen, die zwecks
Erhöhung der Wasserverdunstung Pakete oder Wickel von Fließpapier
oder Flanell in die schwimmergesteuerte Wasserpfanne hereinragen
lassen; wieweit sie sich aber, falls vernachlässigt, durch allmähliche
Verschmutzung hygienisch nachteilig auswirken, kann nur fallweise entschieden werden.

In letzter Zeit fanden auch die vorbesprochenen Luftbefeuchter
(Abb. 32 und Abb. 33) und verschiedene Schleuderradbefeuchter im

Wohnhause einige Verbreitung. Auch verschiedene Einzelwetterfertiger nach Abb. 111 fanden im Familienhaus und besonders im Miethaus zum Befeuchten und gelegentlich auch Heizen und Kühlen einzelner Räume und kleinerer Raumgruppen einige Anwendung. (Die Abbildung ist selbsterklärend.) Sie sind noch außerhalb der Reichweite des Mittelstandes, eignen sich aber hervorragend für Umbauten bestehender Anlagen und überall dort, wo nur einzelne Räume bewettert werden sollen.

Bei der Konstruktion solcher Wetterfertiger muß man vor allem darauf achten, daß sie auf möglichst geringem Raume untergebracht werden sollen, da sie, mit einer Zierverkleidung, Lufteinlaß- und -auslaßgitter versehen, Raumheizkörper gebräuchlicher Größe in Heizleistung ersetzen und außerdem die Raumluft umwälzen, befeuchten und waschen sollen,

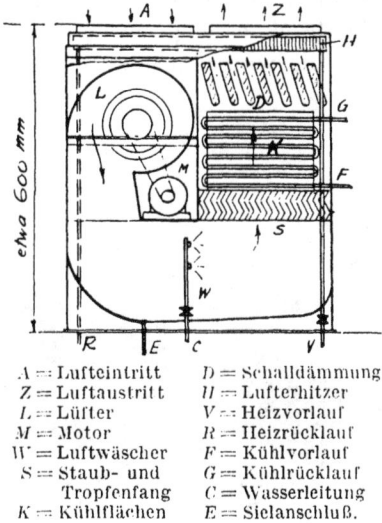

A = Lufteintritt D = Schalldämmung
Z = Luftaustritt H = Lufterhitzer
L = Lüfter V = Heizvorlauf
M = Motor R = Heizrücklauf
W = Luftwäscher F = Kühlvorlauf
S = Staub- und G = Kühlrücklauf
    Tropfenfang C = Wasserleitung
K = Kühlflächen E = Sielanschluß.

Abb. 111. Zimmer-Wetterfertiger.

ohne mehr Raum zu beanspruchen als der Heizkörper, den sie ersetzen. Diese Wetterfertiger werden oft durch einen Temperaturregler und Feuchtigkeitsregler selbsttätig gesteuert.

Die Schwierigkeiten, welche sich einer wirksamen Luftbefeuchtung von zentralbeheizten Gebäuden auch nach kurzer Betriebsdauer entgegenstellen, sind teilweise dafür verantwortlich, daß in Amerika Niederdruckdampf- und Mitteldruckwarmwasser-Heizungsanlagen vielfach in hygienischer Beziehung den Niederdruckwarmwasseranlagen gleichgestellt werden und daß die Mitteldruckwarmwasserheizung sich deshalb einer außerordentlichen Beliebtheit im Wohnhausbau und sogar im Bau öffentlicher Gebäude wie Schulen, Krankenhäuser u. a. m. erfreut.

Hier zeigte sich die Überlegenheit der Warmluftheizungen, in denen von einem einzigen, zentral gelegenen, selbsttätigen Luftbefeuchter, meist als schwimmergesteuerte Wasserpfanne ausgeführt, das ganze Haus mit der gewünschten Luftfeuchtigkeit versorgt werden konnte. Die Bestimmung, daß Warmluftheizöfen mit einer reichlich bemessenen Wasserpfanne auszurüsten seien, welche vor Jahren in die Ausführungsvorschriften für Warmluftheizungen von den einschlägigen Fachverbänden eingefügt worden ist, ist mithin als erster bewußter Schritt zu den heutigen Formen der Wohnhausluftveredlung zu betrachten[1]).

---

[1]) »Standard Code regulating the Installation of Warm Air Furnaces in Residences.« Genehmigt von: »Amer. Soc. Heat. & Vent. Engrs.«, »National Warm Air Heating & Ventilating Association« u. a. m.

Der größte Nachteil der Schwerkraft-Warmluftheizung ist, daß bei Windanfall die windzugekehrten Räume schwer zu heizen sind, da in sie viel Kaltluft durch Fenster- und Mauerundichtheiten und Spalten einfällt und sie abkühlt, und daß darin dadurch überdies ein gewisser Überdruck erzeugt wird, der die Warmluftzufuhr beeinträchtigt, während die windabgelegenen Räume überheizt werden. Diese Schwierigkeiten überkommt man durch die Anordnung eines Bläsers in einem Sammelkanale der Anlage. Wird der Bläser, wie allgemein gebräuchlich, in den Kalt- bzw. Umlufthauptkanal eingebaut, so wird überdies die Heizkammer einen bedeutenden Überdruck aufweisen, welcher das zufällige Austreten von Feuer- und Rauchgasen durch die Undichtheiten des Luftheizofens in das Zuluftnetz unmöglich macht.

Durch den Einbau eines Bläsers in die Luftheizanlage wird man vom natürlichen Auftrieb der Anlage unabhängig und kann deshalb auch einen Luftfilter oder Luftwäscher dem Luftheizofen anschließen. Dies ist die Grundlage des modernen Wetterfertigers, und es ist eine gasbeheizte Ausführung desselben in Abb. 112 dargestellt;

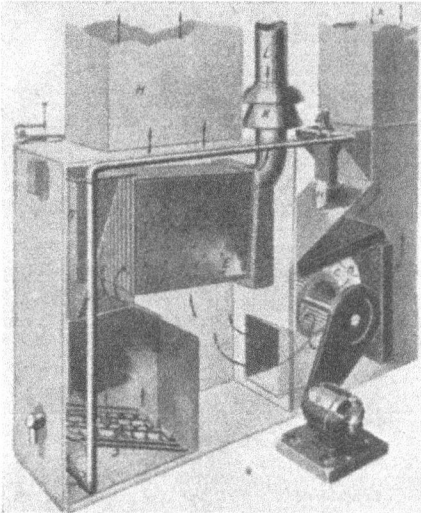

A = Frisch- bzw. Umlufteinbau
B = Luftfilter
C = Lüfter
D = Motor
E = Lufterhitzer
F = Gaszufuhr
G = Luftbefeuchter
H = Warmluftauslaß
J = (Gas)-Heizeinsatz
K = Zugunterbrechung
L = Abzugsrohr.

Abb. 112. Haus-Winterwetterfertiger. (Carrier-Lyle.)

seine Arbeitsweise ist selbsterklärlich. Ähnliche Ausführungsformen für Kohlenunterschubheizung und für Ölheizung verbreiten sich sehr rasch.

Der amerikanische Geschäftsgrundsatz, daß man mit dem Verkaufe einer Vorrichtung oder einer Anlage auch die Verpflichtung übernehme, diese durch einfache und billige Verbesserungen jederzeit den letzten Neuerungen anpassen zu können, da man sich hiedurch einen guten Geschäftsruf und ein dauerndes Umsatzfeld sichert, wird auch vielfach im Heizungsfache befolgt. Dies gilt beispielsweise von den verschiedenen Bauformen von »Wetterfertigern« ohne Luftheizofen, die einfach an einen bestehenden Heizofen H bzw. in dessen Kaltluftsammler K eingeschaltet werden und so eine moderne Heizanlage ergeben (Abb. 113). Sie bestehen in der Regel aus einem Bläser B und einem Luftfilter F, dem häufig noch ein Luftbefeuchter bzw. Luftwäscher D, meist als Streudüsenluftwäscher mit entsprechendem Staub- und Tropfenfang P ausgeführt, angeschlossen wird. (Viele Firmen verwenden diese Bauform

auch für Neuanlagen, da hiedurch Modellkosten u. a. m. gespart werden
und solche Anlagen billiger — in größeren Mengen — hergestellt werden
können, als völlig neu entworfene Vorrichtungen.)

Es ist allerdings zu bemerken, daß nur die wenigsten verhältnismäßig teueren Bauformen solcher Wohnhauswetterfertiger auch wirk-
lich den an sie gestellten Anforde-
rungen genügen oder gar die in den
Werbeschriften enthaltenen Verspre-
chungen völlig erfüllen. An sich
dürfte es verfehlt sein, in ein Wohnhaus Trockenluftfilter einzubauen,
die einer zeitweiligen Reinigung bedürfen, selbst wenn sie gut gebaut
sind, oder Filter, deren Filtergut
nach einiger Zeit weggeworfen werden muß; viele der marktgängigen

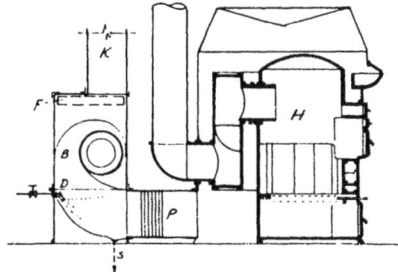

Abb. 113. Vorsatz-Luftveredler.

Wetterfertiger verwenden aber bloß eine 15 bis 25 mm starke Schicht
lose geschütteter Kupferdrehspäne, die auch benetzt nur eine äußerst
dürftige Luftentstaubung sichern
könnten. Dasselbe gilt von den
Luftbefeuchtern; es sind dies entweder schwimmgesteuerte Ver-
dunstungspfannen von unzuläng-
licher Verdunstungsfläche oder
Streudüsenluftwäscher, die mit
dem im Winter sehr kalten Leitungswasser gespeist nur ganz unzulängliche Ergebnisse sichern.
Der einzige Vorteil solcher Wetterfertiger gegenüber der Schwerkraft-Warmluftheizung ist die
positive und somit regelmäßigere
Warmluftverteilung.

Außer den unmittelbar ge-
heizten Winterwetterfertigern für
das (Klein-)Wohnhaus sind auch
mittelbar, mittels Warmwasser
oder Niederdruckdampf geheizte

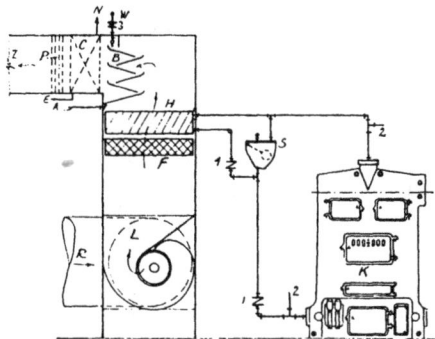

K = Kessel,	S = Rückspeiser,
L = Lüfter,	F = Filter,
H = Lufterhitzer,	B = Rieselbefeuchter,
W = Wasserzufuhr,	A = Siel,
R = Um-(Frisch-)	Z = Zuluftkanal,
Luftkanal,	C = Luftkühler,
P = Tropfenfang,	E = Kühlvorlauf,
N = Kühlrücklauf,	1 = Rückschlagventil,
2 = Leitungen zu	3 = Regelventil.
Raumheizfl.,	

Abb. 114. Mittelbarer Luftveredler.

entstanden. Den Anstoß gab das Interesse, welches den Luftveredlungs-
fragen in weiten Schichten geschenkt wurde; einzelne Heizungskessel-
werke sahen sich hiedurch gezwungen, ihre bestehenden und auch neuen
Heizungsanlagen der Luftveredlung zugänglich zu machen. Diese mittelbaren Wetterfertiger ähneln grundsätzlich den Vorsatzwetterfertigern
von Warmluftheizungen, müssen aber mit einem warmwasser- oder

dampfgeheizten Lufterhitzer — meist als Rippenheizkörper ausgeführt — versehen werden. Solche Anlagen sind augenscheinlich teurer als unmittelbar geheizte Wetterfertiger, da außer dem Kessel und Lufterhitzer, bei Warmwasserheizung eine Umwälzpumpe (Abb. 114) und bei Dampfheizung ein selbsttätiger Rückspeiser wegen des meist geringen Höhenunterschiedes zwischen dem Kessel und Lufterhitzer notwendig wird. Sie kommen nur für größereVillen u. a. m. zur Verwendung.

In solchen Anlagen verwendet man den Wetterfertiger in der Regel nur für die Haupträume wie Wohn-, Speise-, Schlafzimmer u. a. m., während Nebenräume wie Küche, Anrichte, Dienstbotenzimmer, Badezimmer, Kraftwagenschuppen u. ä. m. mittels Warmwasser- oder Dampfheizkörper beheizt werden. Natürlich verlangt man hier außerdem noch eine ausreichende Gebrauchswarmwasserversorgung und die gebräuchlichste Ausführung ist dann derart, daß ein konstanter Dampfdruck oder Vorlaufwassertemperatur am Kessel aufrechterhalten wird und den Bedürfnissen der verschiedenen Teilanlagen durch weitgehende selbsttätige Regelung nachgekommen wird (s. Abschnitt δ).

β) Sommerluftveredlung.

Alle vorbesprochenen Bauformen der zentralen Wohnhaus-Winterwetterfertiger werden gelegentlich zur Aushilfs-Sommerluftveredlung in unveränderter Form verwendet, oder aber mit irgendeinem Sommerwetterfertiger oder einer Kühlvorrichtung gekuppelt. Vielfach betrachtet man es als ausreichend, den Bläser der Heizanlage nachtsüber Frischluft von außen in das Haus fördern zu lassen und die Warmluft durch die offenen Türen zum Dachgeschoß und durch die offenen Dachluken und -fenster herauszupressen. Tagsüber kann man durch sorgfältiges Schließen der Öffnungen, Herablassen von Jalousien auf der sonnenbestrahlten Hausseite und allfällig durch Umwälzen der im Hause eingeschlossenen Luft eine Besserung der andernfalls zu erwartenden Temperaturverhältnisse sichern.

Es ist auch empirisch festgestellt worden, daß Sonnenschutzdächer über allen Fenstern, welche zu irgendeiner Tagesstunde der Sonnenstrahlung ausgesetzt sind, in gekühlten Häusern eine merkliche Abnahme der Kühllast und in ungekühlten Gebäuden bessere Temperaturverhältnisse sicherten, und sie werden aus betriebswirtschaftlichen Gründen überall dort empfohlen, wo Sommerluftveredlung in irgendeiner Form zur Anwendung kommen soll.

Die einfachste Form der Luftkühlung ergibt in Wohngebäuden die Kühlung in Flächenkühlern mittels Kaltwasser. Sie ist aber, mit geringen Ausnahmen, ohne große praktische Bedeutung, da die Kosten der verhältnismäßig großen Wassermengen nur in den seltensten Fällen übersehen werden können. Gelegentlich dürfte es, besonders in den Heimen bemittelter Bauherren, möglich sein, das zur Kühlung benötigte

Wasser nachher zu gewissen Tageszeiten zum Sprengen von Gartenanlagen zu benutzen, während es in der heißen Tageszeit auf den Dachflächen versprengt werden kann. Hiedurch wird dann das Dach durch Wasserverdunstung gekühlt und die Höchstbelastung der Kühlanlage wesentlich herabgesetzt.

In letzter Zeit haben auch verschiedene Bauformen der Sommerwetterfertiger wie Eis-, Kühlmaschinen- und chemische Anlagen gelegentlich ein Anwendungsfeld im Wohnhaus gefunden. Sie sind dann ihren Vorbildern aus den Großbetrieben wesentlich nachgebaut, wobei allerdings auf besonders einfache Handhabung und Betriebssicherheit geachtet werden muß. Vorrichtungen, welche als besondere Einheit für

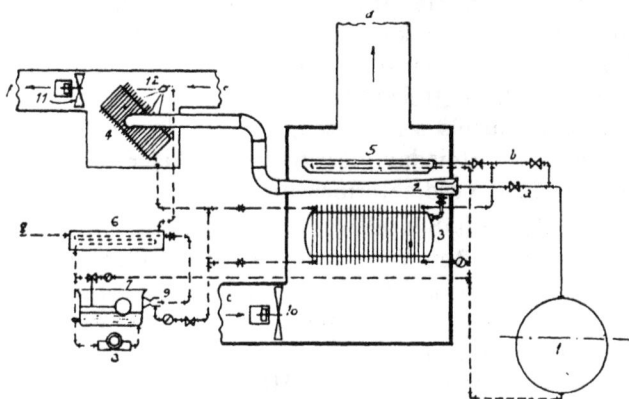

Abb. 115. Dampfstrahl-Wetterfertiger. (Carrier-Lyle.)

das Wohnhaus mit besonderer Berücksichtigung aller Einzelheiten und Sonderaufgaben, für Sommer- und Winterwetterfertigung entworfen worden sind, sind erst im Entstehen begriffen.

Ein Musterbeispiel dieser Art ist der in Abb. 115 dargestellte Wetterfertiger (Bauart Carrier-Lyle, Newark). Um der im Betriebe teuren, schwer schallgeschützten Verdichterkühlmaschine auszuweichen, verwendet man eine Dampfstrahlkühlmaschine, welche grundsätzlich wie die in Abb. 87 dargestellte arbeitet. Der Kondensator *4* besteht hier allerdings aus einem mittels Luftstrom (*f—e*) und Wasserverdunstung (*12*) gekühlten Wärmeaustauschkörper, obzwar der Verwendung eines beliebigen anderen Kondensators nichts im Wege steht. Die Entlüftung des Kondensates geschieht in einem Sammler *7*, in welchen es durch eine kleine Umwälzpumpe *8* mittels Wasserstrahldüse *9* aus dem Kondensator angesaugt und nach Bedarf zum Kessel *1*, oder zum Verdampfer *3* im Luftstrom *c—d* geführt wird.

Im Winter wird lediglich der nun als Lufterhitzer arbeitende Verdampfer (bzw. Kühlbirne) *3* und der Luftbefeuchter *5* mit Dampf gespeist, während der Rest der Anlage abgeschaltet wird. Da der Dampfdruck für Sommerzwecke zum Betriebe der Düsen *2* etwa 0,8 atü beträgt, der von der Umwälzpumpe *8* leicht überwunden wird, muß der Betriebsdruck im Winter entsprechend gesenkt werden oder ein selbsttätiger Rückspeiser eingebaut werden, will man die Betriebskosten der Pumpe sparen. (In der Abb. sind *10* und *11* Lüfter, *6* ist ein Nachkühler.)

Die wirtschaftliche Bedeutung dieser Bauart besteht darin, daß die Kühlung ohne größere, kraftbetriebene Vorrichtungen durchführbar ist, da die kleinen Lüfter- und Pumpenmotoren meist einwandfrei an das Lichtnetz angeschlossen werden können; Verdichterkühlmaschinen entsprechender Leistung werden aber meist außerhalb dieser Begrenzung fallen. Weiters werden die Anschaffungskosten der Dampfstrahlkühlanlage niedriger zu stehen kommen als eine Verdichterkühlanlage, da der Kessel und der Wärmeaustauschkörper für die Sommerbewetterung der an sich notwendigen Heizungsanlage entlehnt wird; und schließlich wird die Kühlung mittels selbsterzeugten — oder zu billigen Sommerpreisen bezogenen — Heizdampfes vielfach billiger zu stehen kommen als der Betrieb einer Verdichtermaschine.

Eine große Zukunftsbedeutung im Wohnhaus, unterdessen nur in Gebieten mit mäßig kalten Wintern — wo die Außentemperaturen nur selten unter den Gefrierpunkt fallen — oder wo ausreichende Wärmespeicher in Form von Brunnenwasser oder größeren Wassermengen vorhanden sind, hat die Wärmepumpe, da sie die zur Sommerbewetterung notwendige Anlage kostenlos mit der Heizungsanlage mitliefert. Solche Anlagen sparen nicht nur die hohen Kosten der Kühlanlage, denen man heute meist noch ausweicht, sondern sie ermöglichen einen wirtschaftlichen Heizbetrieb unter Verwendung der reinlichsten, aber auch teuersten Betriebsstoffe wie Elektrizität.

In Abb. 116 ist eine kürzlich in Salem, N. J. (V. S. A.) in Betrieb genommene Anlage dieser Art schematisch dargestellt[1]. Sie besteht aus einer elektrisch betriebenen Verdichterkühlmaschine, einem mittels Brunnenwasser gekühlten (Sommer-)Kondensator, der im Winter als Verdampfer arbeitet und dem Wasser Wärme entzieht und einem entsprechend gesteuerten (Sommer-)Verdampfer bzw. (Winter-)Kondensator. Dieser letztere ist in dem Kanalnetze einer Lüftungsanlage eingebaut und kühlt den vorbeistreichenden Luftstrom im Sommer, während er ihn im Winter entsprechend erwärmt. Ein Frischlufteinlaß, Luftfilter und Luftbefeuchter (mit elektrischer Heizung) vervollständigen die Anlage.

Bei —18° C Außentemperatur liefert diese Anlage etwa 65 000 kcal/h nutzbare Heizwärme (Abb. 116a) mit einer Gesamtleistung an elektrischer Kraft von bloß 15 000 kcal/h. Als Wärmespeicher wird ein

---

[1] Sporn, P. u. McLenegan, D. W.: »An All Electric Heating, Cooling and Air Conditioning System.« Journal A.S.H.V.E., 1935, S. 402 ff.

Brunnen verwendet, aus dem eine elektrisch betriebene Pumpe Wasser fördert, das Sommer und Winter etwa 10° C ist. Die Übertragung der Wärme- bzw. Kühlleistung geschieht mittels 7200 m³/h Zuluft. Die Anlage ist mit weitgehender selbsttätiger Regelung versehen.

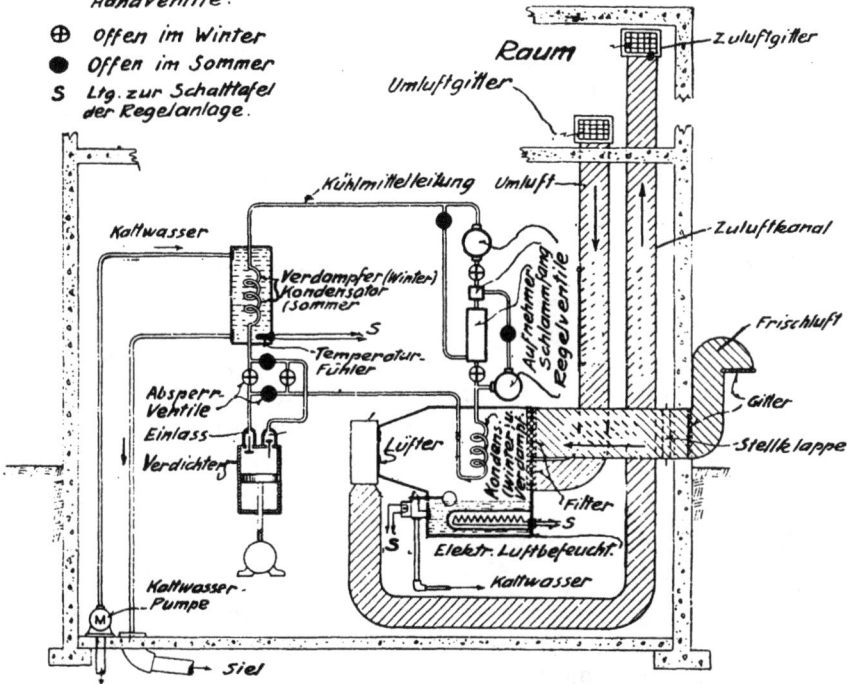

Abb. 116. Umkehrbare Heizanlage.

Abb. 116a. Wärmebilanz der Heizanlage.

Bei Umbauten oder dort, wo nur einzelne Räume gekühlt werden sollen, kommt der Einzelwetterfertiger mit Kühlschlange oder sogar selbständiger, miteingebauten Kühlanlage zur Anwendung. Es kommen die verschiedensten Bauformen zur Verwendung wie einfache, Lufterhitzern ähnliche Vorrichtungen, oder aber besondere, der Raumgestaltung leicht eingefügte, verkleidete Wetterfertiger, ähnlich dem in Abb. 111 dargestellten.

9*

γ) Ausführung der Kanalnetze.

Die Sonderheiten der Wohnhauswetterfertigung müssen auch beim Entwurfe der zugehörigen Luftnetze berücksichtigt werden. In größeren Gebäuden, wo entweder eine größere Zahl von Personen untergebracht ist oder wo die Geldmittel nicht allzu beschränkt sind, wird ein selbständiges Zuluftnetz die zubereitete Luft in und ein Umluftnetz aus den einzelnen Räumen fördern. Solche Anlagen unterscheiden sich von den in gewerblichen und öffentlichen Gebäuden üblichen nur durch ihre Größenausmaße.

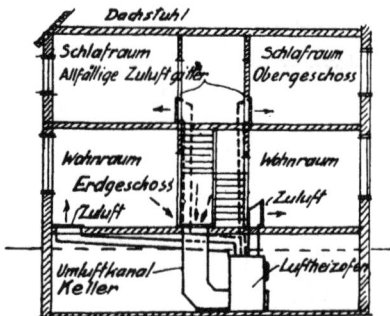

Abb. 117. Heizungskanalnetz.

In Kleinsthäusern wird aber das Kanalnetz mit Rücksicht auf die Anschaffungskosten soweit als möglich vereinfacht. Die billigste Ausführung wird sich mit Heizung begnügen und man kann dann das Zuluftnetz auf einige in der Nähe des Erdgeschoßfußbodens gelegene Warmluftgitter und das Umluftnetz auf ein in der Stiegenhalle gelegenes, meist im Fußboden angeordnetes[1]) Sammelgitter beschränken (Abb. 117).

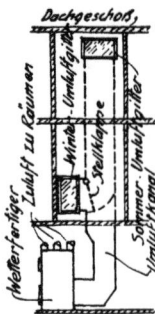

Abb. 118.
Umkehrbarer
Umluftschacht.

Die Warmluft findet ihren Weg zu den oberen Teilen des Hauses, während die abgekühlte Luft herunterfallen wird und zur Heizungsanlage zurückgeführt wird, da in einem Familienhause die Zimmertüren größtenteils offen oder angelehnt stehen und die Haupträume, wie Wohnzimmer, Diele und oft sogar das Speisezimmer untereinander und durch die Stiegenhalle frei (ohne Türen) verbunden sind, so arbeitet diese Ausführung meistens befriedigend. Allerdings ist man heute meist bestrebt, womöglich einen Warmluftkanal in jeden der Räume zu führen, um eine gleichförmigere Verteilung der Wärme zu sichern.

Im Sommer sollten die Umluftöffnungen in den höchsten Punkten des Hauses angeordnet werden. Falls die erste der vorerwähnten Bauformen angewendet wird, kann man die Umluftgitter nahe der Erdgeschoßdecke anordnen, obzwar ihre Anordnung in Dachgeschoßnähe vorzuziehen wäre. Da aber das Obergeschoß in der Regel nur Schlafräume enthält, die während

---

[1]) Man ist sich zwar bewußt, daß in vertikalen Wänden angeordnete Gitter hygienisch vorzuziehen wären; die großen Ausmaße des Sammelkanales würden aber zu kostspieligen, raumverschwendenden Ausführungen zwingen. Man ist auch bestrebt, die Warmluft unter den Fenstern einzuführen, um kalte Luftströmungen von diesen zum Sammelgitter möglichst zu unterbinden; dies ist allerdings meist nur im Erdgeschoß durchführbar.

der kühleren Nachtstunden verwendet werden, wird auf sie vielfach weniger Rücksicht genommen. Eine sinngemäße Ausführung muß auch in Anlagen angewandt werden, wo alle Räume Zuluft zugeteilt erhalten.

Ein umschaltbarer Umluftkanal wird deshalb die einzige zusätzliche Einrichtung im Kanalnetze selbst sein, welche eine Warmluftheizanlage für Winter- und Sommerbewetterung verwendbar machen wird (Abb. 118); man wird aber darauf achten müssen, daß die Zuluft in Deckennähe eingeführt wird, um Belästigung durch Kaltluft möglichst zu mindern.

δ) Die Regelung von Wohnhauswetterfertigern.

Die Wohnhauswetterfertiger werden ebenso wie die größeren Anlagen durchwegs selbsttätig geregelt. Da solche Anlagen meist von technisch ungeschulten Personen, oft von Frauen bedient oder überwacht werden, muß auf größte Einfachheit der Bedienung und Verläßlichkeit im Betriebe geachtet werden. Dies wird dadurch erreicht, daß man an Stelle der in größeren Anlagen gebräuchlichen Druckluft- bzw. Druckwasserregelanlagen elektrische Regler verwendet.

In unmittelbar beheizten Anlagen werden vorwiegend Regler verwendet, welche Stromschalter, Motoren oder Magnete betätigen, welche die von ihnen gesteuerte Vorrichtung in Betrieb nehmen oder abschalten. Dies ist deshalb möglich, weil die unmittelbar beheizten Anlagen fast vorwiegend als Umluftanlagen ausgeführt werden als der große Luftanteil je Kopf (da im Wohnhause verhältnismäßig wenige Menschen versammelt sind) und der große Lufteinfall durch die Gebäudeundichtheiten eine zusätzliche Frischluftzufuhr unnötig macht, besonders als man es im Heime (unberechtigterweise) vorzieht, die allfällige Frischluft nach Bedarf durch die Fenster einzuführen. Da also die Luft nahezu mit Raumtemperatur in die Heizkammer tritt und deshalb nicht unzulässig kalt in die Warmluftkanäle und Räume dringen kann, selbst wenn aus irgendwelchem Grunde der Heizofen abgestellt sein sollte, so ist eine abgestufte Wirkung des Reglers nicht von besonderem Vorteil[1].

Die Regelung solcher Anlagen erfolgt derart, daß ein Temperaturregler, welcher im Wohnzimmer, der Wohndiele oder einem beliebigen, wichtigen Raume — von unmittelbarer Sonnen-, Heizkörper- oder Feuerbestrahlung geschützt — angeordnet wird, den Lüftermotor bei Unterschreitung der festgelegten Raumtemperatur in Betrieb setzt und bei Überschreiten derselben ausschaltet, während ein zweiter, im Warmluftsammler angeordneter Temperaturregler die Heizluft auf einer kon-

---

[1] In letzter Zeit werden allerdings auch hier mit Vorliebe wenigstens die Hauptregler »graduierend« gewählt, wenn auch die Regelbereiche meist gering sind (etwa 2° C).

stanten Temperatur von beispielsweise 60° C hält und nur bei ihrer Überschreitung die Heizvorrichtung abschaltet[1]). Ein Luftfeuchtigkeitsregler — (Haar- oder Papierstreifenregler) — neben dem Raumtemperaturfühler angeordnet, hält allfällig einen vorbestimmten Feuchtigkeitsgrad im Raume aufrecht durch Öffnen oder Sperren der Wasserzufuhr zum Luftbefeuchter.

Außer diesen Reglern versieht man solche Anlagen allfällig mit den baupolizeilich oder erfahrungsmäßig erforderlichen Regelvorrichtungen, unter anderem einem Temperaturregler im Fuchs, welcher die Feuerung bei Überschreiten einer vorbestimmten höchstzulässigen Fuchstemperatur (z. B. 300° C) abschaltet, Explosionssicherung und Explosionsauslaß, weiter einer Vorrichtung, welche bei Versagen der Zündflamme von Gas- oder Ölfeuerungen die Brennstoffzufuhr abschneidet und Vorrichtungen, die ein Ausgehen von Kohlefeuern u. a. m. durch Öffnen der Luftzufuhr oder Inbetriebnahme der Feuerungsbläser ausschließen, selbst wenn der Hauptregler die Feuerung abgeschaltet haben sollte u. a. m.

In mittelbar geheizten Wetterfertigern (Abb. 114) wird die Kesselwassertemperatur bzw. der Betriebsdruck von einem Kesselregler (meist elektrisch betrieben) gesteuert und dauernd konstant gehalten; es handelt sich hier meist um gas- oder ölgefeuerte Kessel oder um selbsttätige Unterschubfeuerungen und es schaltet der Regler bei Überschreiten der festgelegten Grenze die Brennstoff- und Verbrennungsluftzufuhr und den Heizbetrieb aus. Die übliche Vorlaufhöchsttemperatur ist etwa 80° C, die nur um wenige Grade unterschritten wird, während in Dampfanlagen ein Betriebsdruck von 0,05 bis 0,08 atü aufrechtgehalten wird. Es ist nicht gebräuchlich, die generelle Regelung mittels Änderung der Vorlauftemperatur anzuwenden, da der Lufterhitzer, die Heizkörper in den Neben- und Diensträumen und die Gebrauchswassererwärmung zu verschiedenen Zeiten voneinander abweichende Temperaturen verlangen. In einem der bewetterten Räume wird ein Temperaturregler angeordnet, der die Heizmittelzufuhr zum Lufterhitzer und so zu den Räumen steuert. Dieser Regler ist meist von einem Feuchtigkeitsregler begleitet, der die Wärme- oder die Wasserzufuhr zum Luftbefeuchter steuert. Ein anderer Temperaturregler, der in einem radiatorgeheizten Raume angeordnet ist, steuert entweder eine elektrische Drosselklappe (Beharrungsbetrieb mit Änderung der Widerstände im Hauptvorlauf) oder Absperrventil (Stoßbetrieb). Die in Warmwasseranlagen unbedingt notwendige Umwälzpumpe ist derart geschaltet, daß sie selbsttätig in Betrieb genommen wird, wenn einer oder mehrere der Temperaturregler,

---

[1]) In Anlagen mit Öl- oder Gasheizung u. ä. m., die sehr rasch hochheizen, wird oft der Raumtemperaturregler die Heizvorrichtung an- oder abschalten, während ein Regler im Warmluftsammler den Lüfter bei Erreichen einer Mindestwarmluft-Temperatur in Betrieb nimmt, und bei ihrem Unterschreiten abschaltet.

mit Ausnahme des Kesselreglers[1]) die zugeordneten Vorrichtungen in Betrieb nehmen und solange arbeitet, bis der letzte von ihnen ausschaltet, gleichgültig in welcher Reihenfolge dies geschieht. Es ist auch üblich, den Haupttemperaturregler mit einem Uhrwerk zu versehen, welches die Raumtemperatur nachts herabsetzt.

Außer den vorerwähnten Teilanlagen betreibt man auch die Gebrauchswarmwasseranlage im Winter —und vielfach auch im Sommer — vom selben Kessel; die Regelung erfolgt hier gewöhnlich durch einen Dehnkörperregler (ähnlich der Bauart Samson u. a. m.).

Auch die Regelanlage dieser Ausführungsform wird vervollständigt durch die behördlich vorgeschriebene oder empfohlene Fuchshöchsttemperaturbegrenzung, Feuerungssicherheitsregler, Zerknallsicherung u. a. m. und überdies weisen Warmwasseranlagen fast durchwegs eine Druckregelungsvorrichtung auf, welche nach Bedarf den Betrieb derselben bei höheren Temperaturen als 100^0 C ermöglicht, um unvorgesehenen Witterungsspitzen genügen zu können.

Gegenüber der oft vernommenen Anschauung, daß selbsttätige Regelanlagen oft unverläßlich seien, muß auf Grund amerikanischer Erfahrungen festgestellt werden, daß gute selbsttätige Regelung zwar teuer in der Anlage, aber vollkommen verläßlich ist.

In Anlagen dieser Art, wo Sommerkühlung vorgesehen wird, wird die Kühlanlage und Lufttrocknung von einem unabhängigen Temperaturregler gesteuert; auch ist es gebräuchlich, den »Winterregler« mit einem Umschalter zu versehen, der ihn in die Reglerschaltung der Kühlanlage derart einschaltet, daß er verkehrt arbeitet, d. h. oberhalb der Raumtemperatur das Kaltwasserventil öffnet bzw. den Luftwäscher einschaltet und umgekehrt. Diese Ausführung hat einen großen Vorteil, da die Regler das ganze Jahr im Betrieb sind und so weniger Gefahr laufen, daß sich die Lager usf. festsetzen oder sonstwie beschädigen.

In einfachen Anlagen, wo man im Sommer höchstens den Lüfter zwecks Luftumwälzung verwendet oder die Lufterhitzer mit Leitungswasser speist, ist es manchmal gebräuchlich, die selbsttätigen Regler aus dem Betriebe zu nehmen und regelt die Anlage von Hand. Dies um so mehr, als man die gewünschte Raumtemperatur jeweils nach der Außentemperatur umstellen muß oder aber einen sehr kostspieligen, selbsttätig diese Einstellung durchführenden Hauptregler vorsehen müßte.

---

[1]) In Anlagen, wo besondere Kleinraumkessel ein rasches Hochheizen des Wasserinhaltes oder rasches Einsetzen der Verdampfung sichern, wird die letzte zugeordnete Vorrichtung auch die Heizvorrichtung selbst außer Betrieb setzen, während bei Unterschreiten der gewünschten Temperatur in einer der Teilanlagen die Heizvorrichtung einschalten wird, und, zwecks Vermeidung von Zugerscheinungen, erst nach Hochheizen die Wärmezufuhr zum Netze öffnen wird.

b) Bewetterung von Fahrzeugen.

Die Wetterfertigung von Fahrzeugen wird sich nach der Art des Verkehres, der Jahreszeit u. a. m. einteilen lassen, in Heizung, die unmittelbar oder mittelbar durch Dampf oder die Auspuffgase der Motoren besorgt wird, Versorgung von reiner Zuluft für Eisenbahn- und Kraftwagen und »Sommerluftveredlung« für transkontinentale Fahrzeuge[1]), welche von Norden nach Süden und umgekehrt[2]) verkehren. Von den vorgenannten Ausführungen sind nur die »Sommerluftveredlungsanlagen« von einigem Interesse, da die anderen einfach zu handhaben sind. In erster Linie handelt es sich hier um Bewetterung ganzer, nicht unterteilter Gesellschaftsspeisewagen — weniger häufig, so in zunehmender Zahl —, auch von vielen anderen neuen Wagen. In solchen Wagen hat sich ein mit seitlichen Auslässen versehener Zuluftkanal, der in Deckenmitte den Wagen durchläuft, am besten bewährt. Schlafwagen, die in Amerika ebenfalls meist nicht unterteilt sind (die Schlafstellen sind in zwei Lagen entlang der beiden Außenwände des Wagens angeordnet und sind durch Vorhänge von einem Längsgange abgeschlossen), erhalten einen kleinen Zuluftauslaß über jeder Schlafstelle. Die Rückluft wird fast durchwegs durch ein großes Sammelgitter unmittelbar am Luftveredler abgesaugt, mit Frischluft gemischt und aufbereitet.

Die Luftkühlung von Eisenbahnwagen bedient sich aller vorangeführten Methoden. Die einfachste Ausführung besteht aus einem, unter dem Wagenrahmen angeordneten Eiskasten, durch welchen die Zuluft gefördert wird. Besser arbeiten solche Anlagen, falls die Luft durch eisgekühltes Wasser führende Kühlschlangen geleitet wird.

In neueren Wagen verwendet man öfters Verdichter- oder Dampfstrahlanlagen. Die Verdichtermaschinen verwenden Freon oder Carrene als Kühlmittel und werden meist durch eine Übersetzung von einer Wagenachse angetrieben. Sie sind also bei längeren Fahrtunterbrechungen außer Betrieb. Falls Elektromotoren zum Betriebe verwendet werden, kann man diesen Nachteil beheben, muß aber die Kühlmaschine derart klein halten, daß sie keine erhebliche Belastung der Generatoren, besonders aber der allfälligen Akkumulatoren bedingt.

In dieser Hinsicht sind Dampfstrahlkühlanlagen vorteilhaft, da die elektrisch angetriebenen Elemente sich auf eine oder zwei winzige Umwälzpumpen beschränken und deshalb die Anlage solange in Betrieb stehen kann als der Zug unter Dampf steht. Beachtenswert ist hier allerdings, daß die Eiskastenkühlung immer noch die größte Verwendung

---

[1]) Engineering Report on Air Conditioning of Railroad Passenger Cars. Verl.: Association of American Railroads, Chicago, 1937.

[2]) Allerdings nehmen auch Sommeranlagen für andere Züge rasch zu; ihre Einführung wird durch den Wettbewerb zwischen verschiedenen Eisenbahngesellschaften wesentlich gefördert.

findet. An sich sind die Anlage- und Erhaltungskosten sehr niedrig, so daß auch dort, wo zum Betriebe Kunsteis zur Anwendung kommt, die Gesamtbetriebskosten — einschließlich Abschreibung, Erhaltung usf. — wesentlich niedriger sind als von Kühlmaschinen. Viele der Eisenbahngesellschaften beschaffen aber im Winter natürliches Eis, was, selbst unter Berücksichtigung der Stapelkosten, wesentlich billiger ist als Kunsteis.

Ähnliche, wenn auch fallweise zu erwägende Rücksichtnahmen müssen beim Entwurfe von Anlagen für Schiffahrt und Luftverkehr beachtet werden. Hier müssen auch mehr als sonst die Größen- und Gewichtsausmaße der Anlagen auf ein Mindestmaß herabgesenkt werden, selbst wenn dann der Störschallbegrenzung nur wenig Beachtung geschenkt werden kann. (Dies ist, wegen des an sich bedeutenden, mit dem Betriebe des Fahrzeuges verknüpften Störschalles, meist zulässig.)

In diesem Zusammenhange ist von Interesse, daß Lebensmittelgüterzüge für Sommerversand entweder aus Eis-, Trockeneis- (festes CO_2) oder Kühlmaschinenwagen bestehen, falls nicht die Früchte, Gemüse usf. etwas vorzeitig gepflückt, im wärmegeschützten Wagen verstaut und dann der gesamte Inhalt mittels fahrbarer Kühlmaschinen unterkühlt und so versandt wird. Die Unterkühlung ist so gewählt, daß der Wageninhalt möglichst erst bei Eintreffen am Bestimmungsorte die Außentemperatur erreicht.

III. Klima-Anlagen für mitteleuropäische Verhältnisse.

Dr.-Ing. Albert Klein-Stuttgart.

Klima-Anlagen im Sinne der hier gegebenen Ausführungen, d. h.
Anlagen zur Schaffung ganz bestimmter Luft- und Temperaturverhältnisse in Innenräumen mit automatischer Regelung von Temperatur
und Luftfeuchtigkeit wurden in Europa erst nach dem Weltkriege bekannt. 1920 entstanden die ersten Anlagen in England und Frankreich,
1924 in Deutschland und in den nordischen Ländern. Die Anlagen wurden im wesentlichen nach amerikanischen Vorbildern gebaut, sie be-
standen aus Mischkammer zur Mischung von Außenluft und Rückluft,
Düsen-Spritzkammer zur Waschung und Befeuchtung (oder Entfeuch-
tung) der Mischluft, Ventilator, Heizkörper, Luftverteilungssystem,
dazu kamen automatische Regelorgane zur Gleichhaltung von Temperatur und Luftfeuchtigkeit und gegebenenfalls ein Kälte-Generator zur
Kühlung des Spritzwassers. Die Entwicklung der Klima-Anlagen hinsichtlich ihrer Ausgestaltung und Anwendung nahm in den europäischen
Ländern den gleichen Verlauf wie in den Vereinigten Staaten. Die Industrie hatte dort den ersten Anlaß zur Schaffung von Klima-Anlagen
gegeben und bemächtigte sich dieses Mittels zur Verbesserung ihrer
Produktionsverhältnisse in solchem Umfang, daß es heute dort praktisch
überhaupt keine verarbeitenden Industrien mehr gibt, die nicht bei
»künstlichem Wetter« arbeiten. Verbesserung der Luftverhältnisse
im Arbeitsraum und dadurch Vermeidung von Verlusten an Material
und Verbesserung der Fertigprodukte waren der Hauptzweck der Klima-
Anlagen. Man war dadurch unabhängig geworden von den durch die
Witterung bedingten großen Schwankungen in Temperatur und Luftfeuchtigkeit und konnte die Produktion in vielen Fällen jetzt erst vollkommen standardisieren.

Bald wurde jedoch erkannt, daß die Klima-Anlagen auch die Aufenthaltsverhältnisse für das Arbeitspersonal wesentlich verbesserten
und damit auch die Leistungsfähigkeit desselben erhöhten. Übermäßige
Trockenheit im Winter, zu hohe und zu stark wechselnde Temperaturen,
zu große Feuchtigkeit im Sommer in den Arbeitsräumen, waren nun
nicht mehr notwendige Folgen des Wetters außerhalb der Gebäude.
Man begann daher auch in Räumen, die nicht für industrielle Zwecke
verwendet wurden, Klima-Anlagen einzubauen zur Verbesserung der
Aufenthaltsverhältnisse für die Insassen. Dies betraf vor allem Gebäude,

in denen sich auf engem Raum verhältnismäßig viele Menschen ansam-
,melten und wo es notwendig war, nicht nur große Außenluftmengen
herbeizuschaffen, sondern auch die abgegebenen Wärmemengen abzu-
führen, also Theater, Kinos, Versammlungssäle, Sporthallen, Gaststätten
usw.

Die hierzu nötigen Klima-Anlagen erforderten eine Weiterentwick-
lung der Klima-Anlage, wie sie für die industriellen Verhältnisse geschaffen war. Es war vor allem nötig, eine Kältequelle zu schaffen, die entsprechend den stark veränderlichen Wärmezuflußverhältnissen der
Räume leicht regulierbar, sowie einfach, zuverlässig, sparsam und ge-
fahrlos im Betrieb war. So entstand die Zentrifugalkältemaschine, die
ohne Ventile und mit einem giftfreien, nicht explodierbaren Kältemittel
arbeitet. Sodann war es nötig, die im Zentralapparat auf verhältnismäßig
niedrige Taupunkte abgekühlte Zuluft zugfrei in den Raum einzuführen,
der in vielen Fällen nur eine geringe Höhe hatte, sowie die automatische
Regelung so auszubilden, daß sie den stark wechselnden Besetzungen
der Räume schnell nachkam.

So entstanden die »Komfort«-Klima-Anlagen, die nun auch Verwendung fanden für Räume, in denen sich wohl keine großen Menschen-
mengen befanden, in denen sich aber die Menschen tagsüber während
der Dauer ihrer ganzen Arbeitszeit aufhielten, wie z. B. in Büroräumen,
Krankenräumen, Verkaufsläden, usw.

Damit war aber die Anwendungsmöglichkeit der Klima-Anlage
noch nicht erschöpft, denn die Besitzer von Verkaufsläden, kleinen Re-
staurants usw. sahen im Einbau einer kleinen Klima-Anlage die Möglichkeit, ihren Gästen den Aufenthalt in ihren Räumen zu jeder Jahreszeit möglichst angenehm zu machen und ihre Kauflust zu steigern. Dies
führte, entsprechend der geringen Kaufkraft dieser Kreise, zur Entwicklung von kleinen und in mancher Hinsicht auch einfacheren Klima-Anlagen. Gleichzeitig wurde auch versucht, die Klima-Anlage in das Wohnhaus einzuführen; die letzte Entwicklung der Klima-Anlage führte sogar zur Klimatisierung von Eisenbahnwagen.

Die Entwicklung der Klein-Klima-Anlage in den Vereinigten Staaten führte auch, gezwungenermaßen, zur Schaffung von besonderen
Klein-Kältemaschinen, die mit Kolben- oder rotierendem Kompressor,
unter Verwendung von absolut ungefährlichen Kältemitteln oder auch
als Dampfstrahlkühlmaschine, drüben ein großes Anwendungsgebiet
gefunden haben.

Wenn nun in den Vereinigten Staaten die Klima-Anlage eine außerordentliche Verbreitung in allen Lebens- und Arbeitsgebieten gefunden
hat, so ist dies in Deutschland und seinen Nachbarländern heute noch
nicht der Fall. Hier ist die Entwicklung, ausgehend von der Klima-Anlage für Industrie, erst bei der Klimatisierung von Bürogebäuden an-
gekommen. Selbst die Klimatisierung von Theatern und Kinos ist nur

zu einem sehr kleinen Teil durchgeführt. Die Gründe hiefür sind verschiedener Art. Der Weltkrieg und die nachfolgenden Jahre mit ihren verheerenden Folgen für das wirtschaftliche Leben der europäischen Länder und insbesondere für Deutschland, die Meinung, daß die ausgeglichenoren klimatischen Verhältnisse Mitteleuropas die Erstellung von Klima-Anlagen unnötig machen, sowie die im Vergleich zu den bisherigen primitiven Lüftungs- und Heizanlagen verhältnismäßig hohen Anlage- und Betriebskosten der Klima-Anlage standen der Einführung der letzteren im Wege. Es wird noch großer Aufklärungsarbeit bedürfen seitens der interessierten Kreise — Gesundheitsbehörden, Baubehörden, Architekten, Lüftungsindustrie — um der Komfort-Klima-Anlage den ihr gebührenden Platz zu verschaffen.

Unbestritten ist auch heute schon in Deutschland die Notwendigkeit der Klima-Anlage in einer Reihe von Industrien. Die Zigarettenindustrie ist heute schon fast vollständig klimatisiert. Die Ersparnisse an Material und Arbeitszeit und die Verbesserung des Endproduktes sind hier derart, daß ein Betrieb ohne Klimatisierung nicht mehr konkurrenzfähig ist. Ebenso sind bereits eine Reihe von Betrieben der Tabakindustrie, die sich mit der Herstellung von Zigarren und Rauchtabak befassen, klimatisiert. Auch hier handelt es sich um Verringerung von Materialverlusten und Verbesserung des Endproduktes.

Nächst der Tabakindustrie hat die Textilindustrie die größten Fortschritte in der Verwendung von Klima-Anlagen in Deutschland zu verzeichnen. Die Einführung war hier verhältnismäßig schwierig, weil in vielen Betrieben Luftbefeuchtungsanlagen vorhanden waren, bei denen die notwendige hohe relative Feuchtigkeit in einfacher und billiger Weise durch direkte Zerstäubung von Wasser in den Arbeitsräumen erzielt wurde. Allein es wurde erkannt, welche Bedeutung einer reinen Luft, automatischer Gleichhaltung der relativen Luftfeuchtigkeit innerhalb enger Grenzen und Vermeidung von hohen Temperaturen in den Sommermonaten zukam, zur Vermeidung von Materialverlusten, Verbesserung der Fertigprodukte und Verbesserung der vielfach unerträglichen Arbeitsverhältnisse, so daß heute ein neuzeitlicher Textilbetrieb ohne Klima-Anlage in Deutschland selten zu finden ist.

Auch in Druckereibetrieben zeigt sich in den letzten Jahren Interesse für Klimatisierung, weil hier die schwankende Luftfeuchtigkeit während der Heizperiode besonders schädigend auf den Arbeitsvorgang wirkt.

Weitere Industrien, bei denen in den Vereinigten Staaten Klima-Anlagen zur Verwendung kommen, wie in Großbäckereien, Bierbrauereien, Süßwarenfabriken, Lederwarenfabriken, in der Papier- und Nahrungsmittelindustrie, haben bis jetzt in Deutschland nur vereinzelt Interesse für Klima-Anlagen gezeigt. Es ist bis jetzt nicht möglich gewesen, der Klima-Anlage in größerem Umfange hier Eingang zu verschaffen. Der Grund hierfür liegt in den ausgeglicheneren Witterungs-verhältnissen im Sommer, die im Gegensatz zu Amerika der Fabrikation weniger Störungen in den Weg legen.

Die Klima-Anlagen für die erstgenannten Industriebetriebe sind auch für die europäischen ausgeglicheneren Wetterverhältnisse absolut notwendig. Die lange Heizperiode mit dem häufigen Wechseln von trok-kenem und feuchtem Wetter bedingt einen häufigen Wechsel der rela-tiven Luftfeuchtigkeit in den Arbeitsräumen, welcher Material und Ar-beitsprozesse schädlich beeinflußt und nur durch Einbau von Klima-Anlagen behoben werden kann. Die hiebei verwendeten Klima-Anlagen enthalten zweckmäßigerweise einen Luftbehandlungsapparat, in dem die Luft gründlich gewaschen und vollkommen mit Wasser gesättigt wird. Dadurch erhält man eine Reinigung der Luft, die für viele Arbeits-prozesse von größter Wichtigkeit ist. Es erübrigt sich dadurch auch der Einbau von Trockenfiltern, die bei starker Verunreinigung der Luft, wie in Textilbetrieben, überhaupt nicht zur Anwendung kommen kön-nen. Sodann wird die Luft im Wascher auf den im Raum gewünschten Taupunkt durch reine Verdampfungskühlung abgekühlt, was für die Mehrzahl der industriellen Betriebe in Mitteleuropa, selbst für Hoch-sommerverhältnisse, vollkommen genügend ist, und was die Erstellung von teueren Kälteanlagen erübrigt. Die in den verschiedenen Industrien benötigten relativen Luftfeuchtigkeiten bewegen sich in den allermeisten Fällen zwischen 60 und 80%, die Temperatur des feuchten Thermo-meters im Freien steigt selten höher als 20° C, so daß sich die Innentem-peraturen zwischen 24 und 28° C bewegen, was in Anbetracht des häu-figen Luftwechsels durchaus erträgliche Arbeitsverhältnisse schafft. Die Anwendung eines Luftwaschers zur Sättigung der Kühlluft ermög-licht außerdem noch eine sehr einfache automatische Regelung von Temperatur und Luftfeuchtigkeit in den Räumen (Taupunktsregelung), so daß sie auch aus diesem Grunde zu empfehlen ist.

Was nun die Einführung der Klima-Anlage auf nicht-industriellem Gebiete betrifft, d. h. für Zwecke, die lediglich der Verbesserung der Aufenthaltsverhältnisse für die Menschen dienen, so ist, wie schon be-merkt, die Einführung auf diesem Gebiet in Mitteleuropa noch nicht sehr weit vorgeschritten. So sind z. B. im Verhältnis zu den vorhandenen Theatern und Kinos nur sehr wenige bis jetzt klimatisiert, obwohl kein Grund vorliegt, der gegen die Klimatisierung dieser Räume spricht, denn die Belüftung dieser Räume ist auch in unseren Klimaten gleicher-weise Sommer wie Winter ein Kühlproblem. Hier handelt es sich immer um Abführung verhältnismäßig großer Wärmemengen aus dicht be-setzten Räumen und mit stark wechselndem Betrieb. Diesen Anfor-derungen kann nur eine automatisch geregelte Klima-Anlage entspre-chen, welche die den Räumen zugeführte Luft im Winter reinigt, befeuch-tet, wenn nötig erwärmt (bei schwacher Besetzung), und die gekühlte

Luft, wenn die Besetzung eine solche erfordert, zugfrei in die Räume einführt. Im Sommer ist auch in unserem Klima Kühlung und Reinigung der zugeführten Luft vorzusehen, da die Einführung von warmer Außenluft sinnlos wäre.

Verständnis findet auch neuerdings in Deutschland und den umliegenden Ländern die Klimatisierung bestimmter Räume in Krankenhäusern, z. B. der Strahlungsabteilungen und der Operationsräume. Hier verlangt das Wohlbefinden der Kranken sowohl als auch der Ärzte die bestmöglichsten Luftverhältnisse — im Winter reine, bakterienfreie, mäßig befeuchtete Luft und gleichbleibende Temperaturen; im Sommer sollen Patient und Arzt nicht unter zu großer Feuchtigkeit und zu hoher Temperatur leiden.

Ein weiteres Anwendungsgebiet der Klima-Anlage auch für deutsche Verhältnisse liegt in der Klimatisierung der gemeinschaftlichen Gesellschaftsräume von Ozeandampfern, die wohl in Frankreich, England und Holland Beachtung gefunden hat (»Normandie«, »Queen Mary«, »Statendam«), für die jedoch sonderbarerweise in deutschen Schiffbaukreisen bis jetzt jedes Verständnis fehlt.

In den letzten Jahren hat in Deutschland auch die Klimatisierung von Büroräumen Anwendung gefunden. Die Vorteile der Klimatisierung für solche Räume auch in unseren Klimaten sind in die Augen springend. Heizung und Belüftung der Räume mit klimatisierter Luft im Winter ermöglicht Einhaltung einer bestimmten minimalen Luftfeuchtigkeit, schafft Staubfreiheit und verhindert deshalb Erkrankungen der Atmungsorgane. Die Konstanthaltung der Raumtemperatur erübrigt das Öffnen der Fenster und verhindert damit das Eindringen von Rauch, schlechten Gerüchen und Lärm. Auch im Sommer finden die Arbeitsverhältnisse durch Klimatisierung dieser Räume gleicherweise eine wesentliche Verbesserung wegen der Kühlung der zugeführten Luft. Nachdem seitens der Bauherren und Architekten heute so großer Wert auf eine gediegene Ausstattung der Arbeitsräume hinsichtlich Beleuchtung, Mobiliar, Verkehrsmittel usw. gelegt wird, ist nicht einzusehen, warum in den Räumen, in denen die Menschen $1/3$ ihrer Lebenszeit verbringen, nicht auch für gesunde Luftverhältnisse gesorgt werden soll.

An Hand von ausgeführten Anlagen läßt sich zeigen, daß für deutsche Verhältnisse bei einem Bürogebäude mittleren Umfanges die Ausgaben für Abschreibung und Verzinsung des Anlagekapitals einschließlich der Betriebskosten zwischen 1 und 2% der Gehaltssumme der Angestellten betragen. Dies entspricht einer täglichen Arbeitszeit von 5 bis 10 Minuten, welche Mehrleistung des Personals infolge der durch die Klimatisierung bewirkten günstigen Arbeitsverhältnisse fraglos erzielt wird.

Was nun die Ausführung der Komfort-Klima-Anlagen betrifft, so

ist auch für deutsche Verhältnisse, neben der Vorrichtung für die Befeuchtung der Luft im Winter, für Kühlung der Luft im Sommer zu
sorgen. Für die Luftbefeuchtung genügt ein verhältnismäßig einfacher
Wascher mit wenig Spritzdüsen, da es nicht auf Sättigung der Luft
wie bei Industrieanlagen ankommt. Im Sommer tritt der Luftwascher
außer Tätigkeit und es sind deshalb besondere Luftfilter zur Reinigung
der Luft vorzusehen. Für die Kühlung der Luft wäre, um ideale Luftverhältnisse herzustellen, auch bei uns eine Kälte-Anlage notwendig.
Allein es wird nur in wenigen Fällen möglich sein, die Interessenten
zum Kauf einer Kältemaschine zu bringen, welche die Klima-Anlage
um mehr als die Hälfte verteuert. Die klimatischen Verhältnisse Mitteleuropas erfordern wohl für bestimmte Zeiten im Sommer Luftkühlung.
Es ist jedoch zu bedenken, daß die Nächte bei uns immer kühl sind und
daß eine Kühlung der Räume nur von den Mittagsstunden ab in der
Regel notwendig wird. Auch erreichen die maximalen Temperaturen
keine so lange Dauer und sind an sich niedriger als in den Vereinigten
Staaten. Deshalb läßt sich die Raumkühlung in Deutschland in sehr
vielen Fällen vermittels kalten Wassers, das bei uns fast immer zu beschaffen ist, durchführen. Selbst wo die Kosten des Wassers verhältnismäßig hoch sind, wie beim Bezug aus einer städtischen Wasserver-
sorgung, ist die Kühlung mit Wasser wegen der kurzen Kühlungsdauer
wesentlich ökonomischer als bei Anschaffung einer Kälteanlage.

Wo Grundwasser zu beschaffen ist, was in vielen Fällen ohne große
Kosten möglich ist, hat das Wasser Temperaturen zwischen 9 und 12^0 C,
selbst im Hochsommer. Damit läßt·sich mit Hilfe eines Naßkühlers,
Luftwaschers oder Oberflächenkühlers eine Lufttemperatur oder ein
Taupunkt zwischen 11—14^0 C herstellen. Bei einer Luftfeuchtigkeit
von 50% ergibt sich damit eine Raumtemperatur von 21—25^0 C, die
auch nach amerikanischen Maßstab gemessen durchaus angenehm ist
und eine große Verbesserung der Aufenthaltsverhältnisse in den Räumen im Sommer bedeutet. Selbst bei einer Wassertemperatur von 15^0 C
läßt sich eine Raumtemperatur von 25^0 C bei 60% rel. Feuchtigkeit
erreichen (Feuchttemperatur 19^0 C), was z. B. bei einer Außentemperatur von 32^0 C und 43% rel. Feuchtigkeit (Feuchttemperatur 22^0 C)
eine große Verbesserung bedeutet. Es finden sich auch in Deutschland
natürlich Fälle, bei denen eine Klima-Anlage im Sommer eine Kälte-
anlage benötigt, um bestimmte Verhältnisse in den Räumen schaffen
zu können, insbesondere wo verhältnismäßig niedrige Feuchtigkeiten
bei nicht zu hohen Temperaturen, wie in Operationssälen von Krankenhäusern, gewünscht werden, oder wo durch besondere örtliche Verhältnisse die Feuchttemperaturen im Sommer im Freien außergewöhnlich
hoch werden. Allein, wenn der Architekt beim Entwurf eines Gebäudes
von Anfang an Vorkehrungen trifft, die den Wärmezufluß von außen
erniedrigen, so ist es fast immer möglich, mit Wasserkühlung befriedi-

gende Resultate zu erzielen. Dazu sind notwendig Doppelfenster oder doppelt verglaste Fenster, Sonnenschutz auf der Ost-, West- und Südseite (womöglich außen), Isolierung schwacher Außenwände (auch gegen Wärmeverluste zweckmäßig), Isolierung flacher Dächer, Belüftung von Dachräumen usw.

Was nun endlich die in der letzten Zeit viel besprochene Klimatisierung von Wohngebäuden in Deutschland betrifft, so scheitert diese zur Zeit noch an den im Vergleich zu einer einfachen Zentralheizung viel höheren Kosten. Klimatisierung bedingt im Vergleich zu Zentralheizung zusätzliche Kosten für Luftfilter, Motor, Ventilator, Luftbefeuchter, Luftzu- und -rückleitungen, Schalldämpfung, automatische Regelung. Sie bedingt außerdem eine automatisch regelbare Heizquelle, d. h. Öl- oder Gasheizung, und wird deshalb auch im Betrieb für deutsche Verhältnisse teuer. Allein, es ist nicht daran zu zweifeln, daß auch auf diesem Gebiete die Zukunft noch manche Möglichkeit schaffen wird, durch verbilligte Massenherstellung und erhöhte Ansprüche der Menschen, so daß sicherlich die Zeit kommen wird, in der die Menschen auch bei uns in ihren Wohnräumen unter idealen Temperatur- und Luftverhältnissen leben werden.

Sachverzeichnis.

Namenverzeichnis.

www.ingramcontent.com/pod-product-compliance
Lightning Source LLC
Chambersburg PA
CBHW070240230326

41458CB00100B/5694